天文回望

天文歷史與天文科技

劉干才 編著

是世界上最早發現彗星的國家，其近似
就是根據中國的觀測推算出來的；中國
產歷史悠久，所以歷法最初是由農業
的需要而創製的；中國歷代天文學家創
了表、圭、漏、刻、渾儀和簡儀，渾象、候
力儀和水運儀象台，能測日影、計時間、
體、演天象、測地震等，顯示了中國古代
器的多樣性和多功能。

崧燁文化

目錄

天文回望：天文歷史與天文科技

目錄

序言 天文回望

　　文化是民族的血脈，是人民的精神家園。

　　文化是立國之根，最終體現在文化的發展繁榮。博大精深的中華優秀傳統文化是我們在世界文化激盪中站穩腳跟的根基。中華文化源遠流長，積澱著中華民族最深層的精神追求，代表著中華民族獨特的精神標識，為中華民族生生不息、發展壯大提供了豐厚滋養。我們要認識中華文化的獨特創造、價值理念、鮮明特色，增強文化自信和價值自信。

　　面對世界各國形形色色的文化現象，面對各種眼花繚亂的現代傳媒，要堅持文化自信，古為今用、洋為中用、推陳出新，有鑑別地加以對待，有揚棄地予以繼承，傳承和昇華中華優秀傳統文化，增強國家文化軟實力。

　　浩浩歷史長河，熊熊文明薪火，中華文化源遠流長，滾滾黃河、滔滔長江，是最直接源頭，這兩大文化浪濤經過千百年沖刷洗禮和不斷交流、融合以及沉澱，最終形成了求同存異、兼收並蓄的輝煌燦爛的中華文明，也是世界上唯一綿延不絕而從沒中斷的古老文化，並始終充滿了生機與活力。

　　中華文化曾是東方文化搖籃，也是推動世界文明不斷前行的動力之一。早在五百年前，中華文化的四大發明催生了歐洲文藝復興運動和地理大發現。中國四大發明先後傳到西方，對於促進西方工業社會發展和形成，曾造成了重要作用。

天文回望：天文歷史與天文科技

序 言 天文回望

　　中華文化的力量，已經深深熔鑄到我們的生命力、創造力和凝聚力中，是我們民族的基因。中華民族的精神，也已深深植根於綿延數千年的優秀文化傳統之中，是我們的精神家園。

　　總之，中華文化博大精深，是中華各族人民五千年來創造、傳承下來的物質文明和精神文明的總和，其內容包羅萬象，浩若星漢，具有很強文化縱深，蘊含豐富寶藏。我們要實現中華文化偉大復興，首先要站在傳統文化前沿，薪火相傳，一脈相承，弘揚和發展五千年來優秀的、光明的、先進的、科學的、文明的和自豪的文化現象，融合古今中外一切文化精華，構建具有中華文化特色的現代民族文化，向世界和未來展示中華民族的文化力量、文化價值、文化形態與文化風采。

　　為此，在有關專家指導下，我們收集整理了大量古今資料和最新研究成果，特別編撰了本套大型書系。主要包括獨具特色的語言文字、浩如煙海的文化典籍、名揚世界的科技工藝、異彩紛呈的文學藝術、充滿智慧的中國哲學、完備而深刻的倫理道德、古風古韻的建築遺存、深具內涵的自然名勝、悠久傳承的歷史文明，還有各具特色又相互交融的地域文化和民族文化等，充分顯示了中華民族厚重文化底蘊和強大民族凝聚力，具有極強系統性、廣博性和規模性。

　　本套書系的特點是全景展現，縱橫捭闔，內容採取講故事的方式進行敘述，語言通俗，明白曉暢，圖文並茂，形象直觀，古風古韻，格調高雅，具有很強的可讀性、欣賞性、知識性和延伸性，能夠讓廣大讀者全面觸摸和感受中華文化的豐富內涵。

肖東發

天演之變 天象記載

　　中國是世界上天文學起步最早、發展最快的國家之一。幾千年來積累了大量寶貴的天文資料，受到各國天文學家的注意。就文獻數量來說，天文學可與數學並列，僅次於農學和醫學，是中國古代最發達的四門自然科學之一。

　　從中國古代的天象記載可以看出，中國古人是全世界最堅毅、最精確的天文觀測者。比如世界上最初發現的彗星，其近似軌道就是根據中國的觀測推算出來的，彗星的記載，也是中國古人自己最先根據歷代史書的記載進行彙編的。

▌古代天文學的發展

■天文台下的神獸

　　天文最開始是在古代祭祀裡出現的。古代尤其是上古時期，科學不發達，對大自然沒有足夠的瞭解，絕大部分的人認為是有超自然的力量存在的，所以出現了神靈崇拜，而天文學就伴隨著這樣的背景出現。

　　在長期的發展過程中，中國古代天文學屢有優良曆法的革新、令人驚羨的發明創造、卓有見識的宇宙觀等，在世界天文學發展史上，占據重要的地位。

　　任何一個民族，在其歷史發展的最初階段，都要經歷物候授時過程。也許在文字產生以前，先民就知道利用植物的生長和動物的行蹤情況來判斷季節，這是早期農業生產所必備的知識。

物候雖然與太陽運動有關，但由於氣候的變幻莫測，不同年分相同的物候特徵常常錯位幾天或者十多天，比起後來的觀象授時要粗糙多了。

《尚書‧堯典》描述：

遠古的人們以日出正東和初昏時鳥星位於南方子午線標誌仲春，以太陽最高和初昏時大火位於南方子午線標誌仲夏，以日落正西和初昏時虛星位於南方子午線標誌仲秋，以太陽最低和初昏時昴星位於南方子午線標誌仲冬。

物候授時與觀象授時都屬於被動授時，當人們對天文規律有更多的瞭解，尤其是掌握了回歸年長度以後，就能夠預先推斷季節，曆法便應運而生了。

在春秋戰國時期，曾流行過黃帝、顓頊、夏、商、周、魯六種曆法，是當時各諸侯國頒布的曆法。它們的回歸年長度都是三百六十五日，但曆元不同，歲首有異。

在春秋戰國五百多年間，政權的更迭比較頻繁，星占家們各事其主，大行其道，引起了王侯對恆星觀測的重視。中國古代天文學從而形成了曆法和天文兩條主線。

西漢至五代時期是中國古代天文學的發展、完善時期。從西漢時期的《太初曆》至唐代的《符天曆》，中國曆法在編排日曆以外，又增添了節氣、朔望、置閏、交食和計時等多項專門內容，體系越加完善，數據越加精密，並不斷發明新的觀測手段和計算方法。

比如，十六國時期後秦學者姜岌，以月食位置來準確地推算太陽位置；隋代天文學家劉焯在《皇極曆》中，用等間距二次差內插法來處理日、月運動的不均勻性；唐代天文學家一行的《大衍曆》，顯示

了中國古代曆法已完全成熟，它記載在《新唐書 · 曆志》，按內容分為七篇，其結構被後世曆法所效仿。

繼西漢時期民間天文學家落下閎研究成果以後，渾儀的功能隨著環的增加而增加，至唐代天文學家李淳風研究時，已能用一架渾儀同時測出天體的赤道坐標、黃道坐標和白道坐標。

天文儀器是測定曆法所需數據和檢驗曆法優劣的工具，它的改良也促進了天文觀測的進步，歲差和日月行星不均勻性等發現都先後引入曆法計算。

除了不斷提高恆星位置測量精度外，天文官員們還特別留心記錄奇異天象發生的位置和時間，其實後者才是朝廷帝王更為關心的內容。這個傳統成為中國古代天文學的一大特色。

中國古代三種主要的宇宙觀，起源於春秋戰國時期的「百家爭鳴」。秦代以後的一千多年中，在它們的基礎上又派生出許多支系，後來渾天說以其解釋天象的優勢，取代了蓋天說而上升為主導觀念。

魏晉南北朝時期，天文學仍有所發展。南北朝時代的科學家祖沖之完成的《大明曆》是一部精確度很高的曆法，如它計算的每個交點月日數已經接近現代觀測結果。

隋唐時期，又重新編訂曆法，並對恆星位置進行重新測定。一行、南宮說等天文學家進行了世界上最早對子午線長度的實測。人們根據天文觀測結果，繪製了一幅幅星圖，反映了中國古代在星象觀測上的高超水準。

宋代和元代為中國天文學發展的鼎盛時期。這期間頒行的曆法最多，數據最精；同時，大型儀器最多，恆星觀測也最勤。

宋元時期頒行的曆法達二十五部。它們各有特色，其中元代天文學家郭守敬等人編製的授時曆性能最優，連續使用了三百六十年，達到中國古代曆法的巔峰。

　　這些曆法的數據已經越來越趨於精準。許多曆法的回歸年長度和朔望月值已與現代理論值相差無幾，在世界處於領先地位。

　　這一時期出現了大型天文儀器。宋代擁有水運儀象台和四座大型渾儀，元代郭守敬還創製了簡儀和高表。其中宋代天文學家、天文機械製造家蘇頌的水運儀象台，集觀測、展示、報時於一身，是當時世界上最優秀的天文儀器。

　　在恆星觀測方面，這一時期的天文學家表現出高度重視，先後組織了五次大型恆星位置測量，平均不到二十年進行一次大規模的恆星觀測。

　　明清時期，在引進西方天文曆法知識的基礎上，中國古代傳統天文曆法得到了新的發展，取得了不少新的成就。

　　明代科學家徐光啟組織明代「曆局」工作人員編製了完備的恆星圖，並採用新的測算法，更精密地預測日食和月食；他主持編譯的《崇禎曆書》是中國天文曆法中的寶貴遺產。

　　明末清初曆算學家王錫闡著有《曉庵新法》等十多種天文學著作，促進了中國古代曆算學的發展。

　　他精通中西曆法，首創日月食的初虧和復圓方位角的計算方法；其計算晝夜長短和月球、行星的視直徑等方法，有許多和現在球面天文學中的方法完全相同；所創金星凌日的計算方法，達到十分精確的程度，在當時世界上也是獨一無二的。

這一時期，天文知識的發展在航海中得到廣泛應用，這是由明代前期鄭和船隊七次下西洋的偉大航行所促成的。

在《鄭和航海圖》中，從蘇門答臘往西途中所經過的地點，共有六十四處當地所見北辰星和華蓋星地平高度的記錄，這是航海中利用了天文定位法的明證。

在《鄭和航海圖》中，還有四幅附圖，稱為「過洋牽星圖」，它以圖示的方法標出船隊經印度洋某些地區時所見若干星辰的方位和高度角，這就更具體和形象地表明當時人們由測量星辰的地平坐標以確定船位的天文方法。

類似的記錄，還見於清代初期的《順風相送》一書中，說明天文定位法在明清時期得到了廣泛的應用。

在《順風相送》中，還有關於觀測太陽出沒以確定方向的方法，它是以歌訣的形式表達的，是民間通用的一種天文導航法。用來觀測星辰方位角的儀器的是指南針，而觀測星辰的高度角的儀器叫「牽星板」。透過牽星板測量星體高度，可以找到船舶在海上的位置。

閱讀連結

鄭和船隊在航海中，使用了成熟的一整套「過洋牽星」的航海術，對天文導航科學作出了重大貢獻。

使用時，觀測者左手執牽星板一端向前伸直，使牽星板與海平面垂直，讓板的下緣與海平面重合，上緣對著所觀測的星辰，這樣便能測出星體離海平面的高度。

在測量高度時，可隨星體高低的不同，以幾塊大小不等的牽星板和一塊長兩吋、四角皆缺的象牙塊替換調整使用，直至所選之板上邊緣和所測星體相切，由此確定這個星體的高度。

▉古代天文學的思想成就

▉伏羲女媧時的太極八卦

天文學思想是對天文學家的思維邏輯和研究方法長期起主導作用的一種意識。中國古代天文學思想，同儒家思想，以及與之互相滲透的佛教、道教思想都有著密切的聯繫。

中國古代天文學的思想成就，體現在星占術的理論和方法、獨特的赤道坐標系統、宇宙結構的探討、陰陽五行學說與天文曆法的關係、干支理論等方面，從而形成了具有鮮明特色的中國古代天文學思想體系。

　　中國古代星占涉及日占和月占、行星占、恆星占、彗星占，以及天文分野占。它們一同構成了中國古代星占理論，在中國古代社會有著重要的影響。

　　中國星占術有三大理論支柱，這就是天人感應論、陰陽五行說和分野說。

　　天人感應論認為天象與人事密切相關，正如《易經》裡所說的「天垂象，見吉凶」，「觀乎天文以察時變」。

　　陰陽五行說把陰陽和五行兩類樸素自然觀與天象變化和「天命論」聯繫起來，以為天象的變化乃陰陽作用而生，王朝更替相應於五德循環。

　　分野說是將天區與地域建立聯繫，發生於某一天區的天象對應於某一地域的事變。

　　這些理論和方法的建立，決定了中國星占術的政治意味和宮廷星占性質，也造就了中國古代天文學的官辦性質，從而有巨大的財力和物力保證，促使天象觀察和天文儀器研製得以發展。

　　在具有原始意味的天神崇拜和唯心主義的星占術流行的時代，甚至在占主導地位的時候，反天命論的一些唯物主義思想也在發展。

　　不少思想家提出了反天命、反天人感應的觀點，指導人們探求天體本身的規律，研討與神無關的客觀的宇宙。那些美麗的神話傳說，如「開天闢地」、「后羿射日」、「夸父追日」、「嫦娥奔月」等，都反映了人們力圖征服自然改造自然的嚮往和追求。

　　日月星占是中國古代比較典型的星占，它們所涉及的範圍很廣。例如，太陽上出現黑子、日珥、日暈，太陽無光，二日重見等。

另外，古人對日食的發生也很重視，天文學家都在受命進行嚴密監視。日食出現的方位、在星空中的位置、食分的大小和日全食發生後周圍的狀況，都是人們所關注的大事。

《晉書‧天文志》在記載日食與人間社會的關係時，認為食即有凶，常常是臣下縱權篡逆，兵革水旱的應兆。

古人認為，既然發生了日食，這便是凶險不祥的徵兆，天子和大臣不能眼看著人們受災殃，國家破敗，故想出各種補救的措施，以便回轉天心。天子要思過修德，大臣們要進行禳救活動。

《乙巳占》記載的禳救的辦法是這樣的：當發生日食的時候，天子穿著素色的衣服，避居在偏殿裡面，內外嚴格戒嚴。皇家的天文官員則在天文台上密切地監視太陽的變化。

當看到了日食時，眾人便敲鼓驅逐陰氣。聽到鼓聲的大臣們，都裹著赤色的頭巾，身佩寶劍，用以幫助陽氣，使太陽恢復光明。有些較開明的皇帝還頒罪己詔，以表示思過修德。

月占的情況與日占大同小異，由於月食經常可以看到，故後人就較少加以重視了。不過，月食發生時，占星家比較看重月食發生在恆星間的方位，關注其分野所發生的變化。

行星占又稱為「五星占」。五星的星占在所有的星占中占有極重要的位置。除掉日月以外，在太陽系內人們用肉眼所見能作有規律的週期運動的，就只有五大行星。自春秋戰國至明代，五星一直是占星家重要的占卜對象。

由於中國古代五行思想十分流行，五星也就自然地與五行觀念相附會，連五顆星的名字也與五行的名稱一致。

　　行星占包括的範圍極廣，有行星的位置推算和預報，有行星的凌犯觀測，有行星的顏色、大小、光芒、順逆等的觀測。古人以為，五大行星各有各的特性，它們在天空的出現，各預示著一種社會治亂的情況。

　　例如：木星為興旺的星，故木星運行至某國所對應的方位該國就會得到天助，外人不能去征伐它，如果征伐它，必遭失敗之禍；火星為賊星，它的出現，象徵著動亂、賊盜、病喪、飢餓等，故火星運行到某國所對應的方位，該國人民就要遭災殃。

　　金星是兵馬的象徵，它所居之國象徵著兵災、人民流散和改朝換代；水星是殺伐之星，它所居之國必有殺伐戰鬥發生；土星是吉祥之星，土星所居之國必有所收穫。

　　恆星也有獨立的占法，大致可分為二十八宿占和中官占、外官占。占星家不停地對各種星座進行細緻的觀察，觀看其有無變動。一有動向，便預示著人間社會的一種變化。

　　占星家認為，尾星是主水的，又是主君臣的，當尾星明亮時，皇帝就有喜事，五穀豐收，不明時，皇帝就有憂慮，五穀歉收。如果尾星搖動，就會出現君臣不和的現象。

　　又如，天狼星的顏色發生變化，就說明天下的盜賊比較多。南方的老人星出現了，就是天下太平的象徵，看不到老人星，就有可能出現兵亂。

　　在中國古代的星占理論中，彗星的出現，差不多均被看作災難的象徵。

天文分野占也是古代星占理論的一部分。中國古代占星家為了用天象變化來占卜人間的吉凶禍福，將天上星空區域與地上的國州互相對應，稱作「分野」。

中國古代占星術認為，地上各州郡邦國和天上一定的區域相對應，在該天區發生的天象預兆各對應地方的吉凶。這種天區與地域對應的法則，便是分野理論。

有關分野的觀念，起源很早。《周禮 · 春官 · 宗伯》就有「以星土辨九州之地」，以觀「天下之妖祥」的記載。就已經開始將天上不同的星宿，與地上不同的州、國一一對應起來了。

天上的分區，大致是以二十八宿配十二星次，地上則配以國家或地區。

古籍中天文地理分野的記載很多，比如在《漢書 · 地理志》中，記載春秋戰國時期天文地理分野是：魏地，觜、參之分野；周地，柳、七星、張之分野；韓地，角、亢、氐之分野；趙地，昂、畢之分野；燕地，尾、箕分野；齊地，虛、危之分野；宋地，房、心之分野；衛地，營室、東壁之分野；楚地，翼、軫之分野；吳地，斗分野；粵地，牽牛、婺女之分野。

事實上，天地對應關係的分組，並沒有一個固定的模式。比如《史記 · 天官書》中對恆星分野只列出八個國家，除地域與恆星對應外，還記載了五星與國家的對應關係。

在天與地的對應關係建立以後，占星就有了一個基礎。這樣，當天上某個區域或星宿出現異常天象時，它所反映出的火災、水災、兵災、瘟疫等，就有一個相應的地域可以預言。

天演之變　天象記載

　　世界上不同的民族、不同的國家，都選用不同的方法去認識天空現象。這不同的方法認識的結果，是產生了世界學術界公認的三種天球坐標系，即中國的赤道坐標系統，阿拉伯的地平坐標系統，希臘的黃道坐標系統。

　　三種天球坐標系與生俱來的差異，決定了它們在實地觀測中空間取向上的差異。這種差異體現出了赤道坐標系的獨特性，同時也體現了中國古代天文學的獨特性。

　　中國古代天文學的赤道坐標系，是用於對整個天地的劃分，赤經、赤緯是不變的，依據天極、赤道劃分的南北東西也是固定的。

　　它不同於阿拉伯系統所使用的那種地平坐標系，因為它是以觀測者為中心來確定天頂和天底，地平經度與地平緯度隨觀測者所在地不同而不同，依據天頂、天底、地平圈劃分的南北東西也是隨之變化的。

　　赤道坐標系以天極為中心來劃分東南西北四個方位，是將整圈赤道等分為四等；以天頂為中心來劃分東南西北四個方位，劃分的是以觀測者為中心的東南西北四個方位。

　　比如殷商時主要活動地域是河南一帶，如果以被古人視為「地中」的陽城為中心來劃分方位，劃分的就是中華大地的東西南北中。

　　依據赤道坐標系的十二辰而制定的「十二支」曆法為例，如果將「十二支」認作「地平十二支」，就會在地平坐標系內探詢十二支的空間取向。比如以陽城為中心來劃分十二個方位，在中華大地的東、西、南、北、中地域探詢十二支的時空依據。

　　中華大地的東、西、南、北、中是無法確定出三百六十度的，只有赤道坐標系所界定的整個天地的十二時辰才是十二支的真正歸宿。

現今天文學中以英國格林威治本初子午線為基準的一天二十四小時劃分,與中國古代曆法的一天十二時辰直接對應;現代天文學的赤道大圓三百六十度與中國古代天文學的二十八宿如出一轍。現代南北兩個半球的劃分是依據赤道一分為二的。

這些都體現出現代天文學是對中國古代天文學赤道坐標系的承傳,並證實了中國古代赤道坐標系是用於對整個天地的劃分。

中國古代獨特的赤道坐標系統的實在性和科學性,蘊涵著古代先哲們對時間、空間與物質世界科學認知的思想精華,對認識宇宙具有重大意義。

關於宇宙的結構,自古就引起人們的思考,湧現了許多討論天地結構的學說。其中最重要的就是形成於漢代的蓋天說、渾天說和宣夜說。

蓋天說是中國最古老的討論天地結構的體系。早期的蓋天說認為,天就像一個扣著的大鍋覆蓋著棋盤一樣的大地。

後來蓋天家又主張,天像圓形的斗笠,地像扣著的盤子,兩者都是中間高四周低的拱形。這種蓋天說既能克服「天圓地方」說的缺點,也能解釋很多具有爭議的天象。

渾天說在中國天文學史上占有重要的地位,對中國古代天文儀器的設計與製造產生了重大的影響,如渾儀和渾象的結構就和渾天說有著密切的聯繫,對天文學的有關理論問題的解釋也產生了重大影響。

漢代科學家張衡在《渾天儀注》一文中寫道:

渾天如雞子,天體圓如彈丸。地如雞子中黃,孤居於內,天大地小……天之包地如殼之裹黃。

　　意思是說，天就像一個雞蛋，大地像其中的蛋黃，天包著地如同蛋殼包著蛋黃一樣。這是對渾天說的經典論述之一。

　　蓋天說和渾天說中的日月星辰都有一個可供附著的天殼，蓋天說的附著在天蓋上，渾天說的附著在像蛋殼一樣的天球上，都不用擔心會掉下來。

　　後來人們觀測到日月星辰的運動各自不同，有的快、有的慢，有的甚至在一段時間中停滯不前，根本就不像附著在一個東西上。所以就又產生了一種新的理論，這就是宣夜說。

　　宣夜說主張，天是無邊無涯的氣體，沒有任何形質，我們之所以看天有一種蒼蒼然的感覺，是因為它離我們太遙遠了。日月星辰自然地飄浮在空氣中，不需要任何依託，因此它們各自遵循自己的運動規律。

　　宣夜說打破了天的邊界，為我們展示了一個無邊無際的廣闊的宇宙空間。

　　在恆星命名和天空區劃方面，各種思想意識的影響就更加明顯。古代星名中有一部分是生產生活用具和一些物質名詞，如斗、箕、畢、杵、臼、斛、侖、廩、津、龜、鱉、魚、狗、人、子、孫等，這可能是早期的產物。

　　大量的古星名是人間社會裡各種官階、人物、國家的名稱，可能是隨著奴隸制和封建制的建立和完善，以及諸侯割據的局面而逐漸形成的。

　　天空區劃的三垣二十八宿，其二十八宿的名稱與三垣名稱顯然是兩種體系，它們所占天區的位置也不同。這都反映了不同的思想意識的影響。

在中國古代天文學思想中，應該提及的是古代天文學家探求原理的思想。中國古代科學家很早就努力探索天體運動的原理了。

如沈括對不是每次朔都發生食的解釋，郭守敬對日月運動追求三次差四次差的改正，明清時期學者對中西會通的研究，都體現了探求原理的思想。

在近代科學誕生之前，對於東西方古代天文學家來說，沒有近代科學和萬有引力定律的理論武裝，要探求天體運動的原理都不會成功的。但中國古代曆法中，許多表格及計算方法都可以找到幾何學上的解釋。

這一點足見中國古人的才智。

此外，中國古代天文學家對許多天象都有深刻的思考並力圖予以解釋。

戰國末期楚國辭賦家屈原在《天問》中提出了天地如何起源，月亮為何圓缺，晝夜怎樣形成等大量問題；蓋天說和渾天說都努力設法解釋晝夜、四季、天體周日和周年視運動的成因，對日月不均勻運動也曾以感召向背的理由給予解釋。

儘管他們是不成功的或缺乏科學根據的，但不能因為不成功而否定他們的努力。探索原理的思想幾千年來一直在指導中國古代科學家們的工作。

中國古代的天文曆法，就是在陰陽五行學說的協助下發展起來的。

天演之變 天象記載

　　中國古代有很多與「氣」有關的概念，如節氣、氣候、氣化、氣勢、氣質、運氣等。如果仔細分析這些概念就會發現，氣是有屬性的，在宇宙間沒有無屬性的中性的氣存在。

　　氣由陽氣和陰氣組成。後世將陰陽作為哲學概念應用得十分廣泛，但追本求源，陰陽的觀念最早只是起源於曆法和季節的變化。

　　古人以為，氣候的變化是由於陰陽二氣的作用，陽氣代表熱，陰氣代表冷。宇宙間陰陽二氣相互作用，發生交替的變化，便反映在一年四季的變化上。

　　夏季較炎熱時，屬於純陽。冬季較寒冷時，屬於純陰。陽氣和陰氣互為消長，春季陽氣則增長，而陰氣則衰弱。

　　當陽氣達到極盛時就是夏至，由此發生逆轉，陰氣漸升，陽氣下降；當陰氣達到極盛時就是冬至，這時再次發生逆轉，陽氣上升，陰氣下降，完成了一個週期的交替變化。

　　五行是指木、火、土、金、水五種物質。在中國古代，人們對於五行的看法與後世哲學上的五行幾乎完全不同。

　　古人認為，五行就是一年或一個收穫季節中的五個時節。這一說法在上古文獻中記載更直接。

　　例如，《呂氏春秋》就把五行直接稱為五氣，也就是將一年分為五個時節之義。又如，《左傳・昭公元年》記載：年「分為四時，序為五節。」而《管子・五行篇》則說：「作立五行，以正天時，五官以正人位。」可見上古均是將五行解釋成時節或節氣。

　　古人用直觀的五種物質的名稱給五種太陽行度命名，就如以十二生肖給日期命名一樣，符合古人樸素的思想觀念。

五行之間的生剋制化，同樣具有天文學意義。五行相生，又叫「生數序五行」，其含義是後一個行是由前一個行生出來的，以至於逐個相生，形成一個循環系列，周而復始。五行相生是五行觀念中使用最普遍，發展最成熟的一種排列方式。

按照《春秋繁露‧五行之義》的說法，木是五行的開始，水是五行的終了，土是五行的中間。木生火，火生土，土生金，金生水，水又生木。木行居東方而主春氣，火居南方而主夏氣，金居西方而主秋氣，水居北方而主冬氣。所以木主生而金主殺，火主熱而水主寒。

這是上古各類文獻中，有關生數五行定義的通常說法，可見古人設立五行，開始時並不是為瞭解決哲學問題，而是借助五種物質的名稱來作為一年中五個季節的名稱。

木行就是一年中開始的第一個季節，相當於春季；火行為第二個季節，相當於夏季；土行為第三季，介於夏秋之間；金行為第四個季節，相當於秋季；水行為第五個季節，相當於冬季。

干支理論是中國古代思想家的一大傑出貢獻，儘管當時對天體運行及其結構缺乏科學的瞭解，但已經在天文學、哲學領域有了相當深入的研究，並取得了後世無法企及的成就。

天干地支，簡稱「干支」，又稱「干枝」。天干的數目有十位，它們的順序依次是：甲、乙、丙、丁、戊、己、庚、辛、壬、癸。地支的數目有十二位，它們的順序依次是：子、丑、寅、卯、辰、巳、午、未、申、酉、戌、亥。天干地支在中國古代主要用於紀年、紀月、紀日和紀時等。

干支紀年萌芽於西漢時期，始行於王莽，通行於東漢後期。西元八五年，朝廷下令在全國推行干支紀年。

干支紀年，一個週期的第一年為「甲子」，第二年為「乙丑」，依此類推，六十年一個週期；一個週期完了重複使用，周而復始，循環下去。

如西元一六四四年為農曆甲申年，六十年後的西元一七〇四年同為農曆甲申年，三百年後的西元一九四四年仍為農曆甲申年；西元一八六四年為農曆甲子年，六十年後的西元一九二四年同為農曆甲子年；西元一八六五年為農曆乙丑年，西元一九二五、一九八五年同為農曆乙丑年，以此類推。

干支紀年是以立春作為一年的開始，是為歲首，不是以農曆正月初一作為一年的開始。

干支紀月時，每個地支對應二十四節氣自某節氣至下一個節氣，以交節時間決定起始的一個月期間，不是農曆某月初一至月底。

若遇甲或乙的年分，正月大致是丙寅；遇上乙或庚之年，正月大致為戊寅；丙或辛之年正月大致為庚寅，丁或壬之年正月大致為壬寅，戊或癸之年正月大致為甲寅。

依照正月之干支，其餘月分按干支推算。六十個月合五年一個週期；一個週期完了重複使用，周而復始，循環下去。

干支紀日，六十日大致合兩個月一個週期；一個週期完了重複使用，周而復始，循環下去。

干支記日比起記載某月某日，其優勢是非常容易計算歷史事件的日期間隔，以及是否有閏月存在。

由於農曆每個月二十九日或三十日不定，而且有沒有閏月也不知道，因此，如果日期跨月，則計算將會非常困難。至於某月某日和干支的對應，則可以查萬年曆。

干支紀時，六十時辰合五日一個週期；一個週期完了重複使用，周而復始，循環下去。

干支紀時必須注意的是，子時分為零時至一時的早子時，以及二十三時至二十四時的晚子時，所以遇到甲或乙之日，零時至一時是甲子時，但二十三時至二十四時是丙子時。晚子時又稱「子夜」或「夜子」。

天干地支除了可以紀月日時外，在它的主要序數功能被一二三四等數字取代之後，人們仍然用它們作為一般的序數字。

尤其是甲乙丙丁，不僅用於羅列分類的文章材料，還可以用於日常生活中對事物的評級與分類。

閱讀連結

相傳在遠古時候，共工和顓頊兩人為了爭奪天下而戰。共工失敗後，一氣之下跑到了大地的西北角，撞倒了那裡的不周山。不周山原是八根擎天柱之一，撞倒之後，西北方的天就塌了，東南方的地也陷了下去。於是，天上的日月星辰都滑向西北方，地上的流水泥沙都流向了東南方。

古人對自然現象的成因不能理解，往往會借助想像，創造出各種神話傳說，表達他們對自然界發生的各種現象的揣測。這則神話生動地反映了古人對於天地結構的推測。

▌古代天象珍貴記錄

■原始望遠鏡

古代天象是指古代對天空發生的各種自然現象的泛稱。包括太陽出沒、行星運動、日月變化、彗星、流星、流星雨、隕星、日食、月食、雷射、新星、超新星、月掩星、太陽黑子等。

中國古代天象記錄，是中國古代天文學留給我們的一分珍貴遺產。尤其是關於太陽黑子、彗星、流星雨和客星的記載，內容豐富，系統性強，在科學上顯示出重要的價值。同時也反映了中國古代天文學者勤於觀察、精於記錄的工作作風。

古人極其重視對天象的觀察和記錄，據《尚書‧堯典》記載，帝堯曾經安排羲仲、羲叔、和仲、和叔恭謹地遵循上天的意旨行事，觀察日月星辰的運行規律，瞭解掌握人們和鳥獸的生活情況，根據季節變化安排相應事務。

堯推算歲時，制定曆法，還創造性地提出設置「閏月」，來調整月分和季節。

從這裡我們也不難看出，在傳說中的堯時已經有了專職的天文官，從事觀象授時。史載堯生於西元前二二一四年，去世於西元前二〇九七年，享年一百一十七歲。他為中國古代天文事業作出了重要貢獻。

從堯帝時期開始，中國古代就勤於觀察天象，勤於記錄。在長期的觀察中，古人對太陽黑子、彗星、流星雨、客星，以及天氣氣象的記載，為我們留下了寶貴的古代天文學遺產，使我們看到了古代的天空，也感受到古代的天氣氣象。

黑子，在太陽表面表現為發黑的區域，由於物質的激烈運動，經常處於變化之中。有的存在不到一天，有的可達一個月以上，少數長達半年。這種現象，先民也都精心觀察，並且反映在記錄上。

現今世界公認的最早的黑子記事，是約成書於西元前一百四十年的《淮南子·精神訓》中，就有「日中有踆烏」的敘述。踆烏，也就是黑子的形象。

比《淮南子·精神訓》的記載稍後的，還有《漢書·五行志》引西漢學者京房《易傳》記載：「西元前四十三年四月……日黑居仄，大如彈丸。」這表明太陽邊側有黑子呈傾斜形狀，大小和彈丸差不多。

太陽黑子不但存在時間，也有消長過程中的不同形態。最初出現在太陽邊緣的只是圓形黑點，隨後逐漸增大，以致成為分裂開的兩大黑子群，中間雜有無數小黑子。這種現象，也為古代觀測者所注意到。

天演之變 天象記載

《宋史 · 天文志》記有：「西元一一一二年四月辛卯，日中有黑子，乍二乍三，如栗大。」這一記載，就是屬於極大黑子群的寫照。

據統計，從漢代至明代的一千六百多年間，中國一些古籍中記載了黑子的形狀和消長過程為一百零六次。

中國很早就有彗星記事，並給彗星以孛星、長星、蓬星等名稱。彗星記錄始見於《春秋》記載：「魯文公十四年（西元前六一三年）七月，有星孛入於北。」這是世界上最早的一次哈雷彗星記錄。

《史記 · 六國表》記載：「秦厲共公十年彗星見。」秦厲共公十年就是周貞定王二年，也就是西元前四六七年。這是哈雷彗星的又一次出現。

哈雷彗星繞太陽運行平均週期是七十六年，出現的時候形態龐然，明亮易見。從春秋戰國時期至清代末期的兩千多年，共出現並記錄的有三十一次。

其中以《漢書 · 五行志》，也就是西元前十二年的記載最詳細。書中以生動而又簡潔的語言，把氣勢雄壯的彗星運行路線、視行快慢以及出現時間，描繪得栩栩如生。

其他的每次哈雷彗星出現的記錄，也相當明晰精確，分見於歷代天文志等史書。

中國古代的彗星記事，並不限於哈雷彗星。據初步統計，從古代至西元一九一〇年，記錄不少於五百次，這充分證明古人觀測的辛勤。

古人非常重視彗星，有些雖然不免於占卜，但是觀測勤勞，記錄不斷，使後人得以查詢。歐洲學者常常借助中國典籍來推算彗星的行

徑和週期，以探索它們的回歸等問題。中國前人辛勞記錄的功績不可泯滅。

流星雨的發現和記載，也是中國最早，在《竹書紀年》中就有「夏帝癸十五年，夜中星隕如雨」的記載。其最詳細的記錄見於春秋時期的《左傳》：「魯莊公七年夏四月辛卯夜，恆星不見，夜中星隕如雨。」魯莊公七年是西元前六八七年，這是世界上天琴座流星雨的最早記錄。

中國古代關於流星雨的記錄，大約有一百八十次之多。其中天琴座流星雨記錄大約有九次，英仙座流星雨大約十二次，獅子座流星雨記錄有七次。這些記錄，對於研究流星群軌道的演變，也是重要的資料。

流星雨的出現，場面相當動人，中國古記錄也很精彩。

據《宋書・天文志》記載，南北朝時期宋孝武帝「大明五年……三月，月掩軒轅……有流星數千萬，或長或短，或大或小，並西行，至曉而止。」這次流星發生在西元四六一年。當然，這裡的所謂「數千萬」並非確數，而是「為數極多」的泛稱。

流星體墜落到地面便成為隕石或隕鐵，這一事實，中國也有記載。《史記・天官書》中就有「星隕至地，則石也」的解釋。至北宋時期，沈括更發現以鐵為主要成分的隕石，其「色如鐵，重亦如之。」

在中國現在保存的最古年代的隕鐵是四川省隆川隕鐵，大約是在明代隕落的，西元一七一六年掘出，重五十八點五公斤。現在保存在成都地質學院。

天文回望：天文歷史與天文科技

天演之變 天象記載

　　有些星原來很闇弱，大多數是人目所看不見的。但是卻在某個時候它的亮度突然增強幾千至幾百萬倍，叫做「新星」；有的增強到一億至幾億倍，叫做「超新星」。

　　以後慢慢減弱，在幾年或十多年後才恢復原來亮度，好像是在星空做客似的，因此給這樣的星起了個「客星」的名字。

　　在中國古代，彗星也偶爾列為客星；但是對客星記錄進行分析整理之後，凡稱「客星」的，絕大多數是指新星和超新星。

　　中國殷代甲骨文中，就有新星的記載。見於典籍的系統記錄是從漢代開始的。《漢書・天文志》中有：「元光元年六月，客星見於房。」房就是二十八宿裡面的房宿，相當於現在天蠍星座的頭部。漢武帝元光元年是西元前一百三十四年，這是中外歷史上有記錄的第一顆新星。

　　自殷代至西元一七○○年為止，中國共記錄了大約九十顆新星和超新星。其中最引人注意的是西元一○五四年出現在金牛座天關星附近的超新星，兩年以後變暗。

　　西元一五七二年出現在仙后座的超新星，最亮的時候在當時的中午肉眼都可以看見。

　　《明實錄》記載：

　　隆慶六年十月初三日丙辰，客星見東北方，如彈丸……曆十九日壬申夜，其星赤黃色，大如盞，光芒四出……十月以來，客星當日而見。

　　中國的這個記錄，當時在世界上處於領先水準。

　　中國歷代古籍中還有天氣、氣象的記載。

夏代已經推斷出春分、秋分、夏至、冬至。東夷石刻連雲港將軍崖岩畫中有與社石相關的正南北線。

　　商代關注不同天氣的不同現象。甲骨文中有關於風、雲、虹、雨、雪、雷等天氣現象的記載和描述。

　　西周時期用土圭定方位，並且知道各種氣象狀況反常與否，均會對農牧業生產造成影響。《詩經・幽風・七月》，記載了天氣和氣候諺語，有關於物候的現象和知識；《夏小正》是中國最早的物候學著作。

　　春秋時期，秦國醫學家醫和開始將天氣因素看作疾病的外因；曾參用陰陽學說解釋風、雷、霧、雨、露、霰等天氣現象的成因。

　　《春秋》將天氣反常列入史事記載；《孫子兵法》將天時列為影響軍事勝負的五個重要因素之一；《易經・說卦傳》指出「天地水火風雷山澤」八卦代表自然物。

　　戰國時期，重視氣象條件在作戰中的運用。莊周提出風的形成來自於空氣流動的影響，並提到日光和風可以使水蒸發。《黃帝內經・素問》詳細說明了氣候、季節等與養生和疾病治療間的關係。

　　秦代形成相關的法律制度，各地必須向朝廷彙報雨情，以及受雨澤或遭遇氣象災害的天地面積。在《呂氏春秋》將雲分為「山雲、水雲、旱雲、雨雲」四大類。

　　漢代列出了與現代名稱相同的二十四節氣名，並且出現了測定風向及其他天氣情況的儀器。西漢時期著名的唯心主義哲學家和經學大師董仲舒指出了雨滴的大小疏密與風的吹碰程度有關。

天演之變 天象記載

東漢哲學家王充《論衡》，指出雷電的形成與太陽熱力、季節有關，雷為爆炸所起；東漢學者應劭《風俗通義》，提出梅雨、信風等名稱。

三國時期，進一步掌握了節氣與太陽運行的關係。數學家趙君卿注的《周髀算經》，介紹了「七衡六間圖」，從理論上說明了二十四節氣與太陽運行的關係。

兩晉時期，「相風木鳥」及測定風向的儀器盛行。東晉哲學家姜芨指出貼近地面的浮動的雲氣在星體上升時，能使星間視距變小，並使晨夕日色發紅。晉代名人周處的《風土記》提出梅雨概念。

南北朝時不僅瞭解了氣候對農業生產的影響，還開始探索利用不同的氣候條件促進農業生產。

北魏賈思勰《齊民要術》，充分探討了氣象對農業的影響，並提出了用燻煙防霜及用積雪殺蟲保墒的辦法；北魏《正光曆》，將七十二氣候列入曆書；南朝梁宗懍《荊楚歲時記》，提出冬季「九九」為一年裡最冷的時期。

隋唐及五代時期，醫學家王冰根據地域對中國的氣候進行了區域劃分，這是世界上最早提出氣溫水平梯度概念的。隋代著作郎杜台卿《玉燭寶典》，摘錄了隋以前各書所載節氣、政令、農事、風土、典故等，保存了不少農業氣象佚文；唐代天文學家李淳風《乙巳占》，記載測風儀的構造、安裝及用法。

宋代對於氣象的認識更為豐富和詳細，在雨雪的預測及測算方面更為精確。

北宋地理學家沈括的《夢溪筆談》中，涉及有關氣象的如峨眉寶光、閃電、雷斧、虹、登州海市、羊角旋風、竹化石、瓦霜作畫、雹

之形狀、行舟之法、垂直氣候帶、天氣預報等；南宋紹興秦九韶《數書九章》，列有四道測雨雪的算式，說明如何測算平地雨雪的深度。

清代譯著《測候叢談》，採用「日心說」，全面介紹了太陽輻射使地面變熱以及海風、陸風、颱風、哈德里環流、大氣潮、霜、露、雲、霧、雨、雪、雹、雷、平均值及年、日較差計算法、大氣光象等大氣現象和氣象學理論。

歲月推移，天象更迭。先祖辛勤勞動，留下寶貴的天象記錄，無一不反映出先人孜孜不倦、勤於觀測的嚴謹態度，無一不閃爍著智慧的光輝。這些，是中國古代豐富的文化寶庫中的一分珍貴遺產，對今後更深刻地探索宇宙規律，都將造成重要的作用。

閱讀連結

堯帝以「敬授民時」活動，促進了中國古代天文事業和農耕文明的進步。

《尚書・堯典》上說，堯派羲仲住在東方海濱叫「暘谷」的地方觀察日出，派羲叔住在叫「明都」的地方觀察太陽由北向南移動，派和仲住在西方叫「昧谷」的地方觀察日落，派和叔住在北方叫「幽都」的地方觀察太陽由南向北移動。

春分、秋分、冬至、夏至確定以後，堯決定以三百六十六日為一年，每三年置一閏月，用閏月調整曆法和四季的關係，使每年的農時正確，不出差誤。

▌《二十四史》中的天文律曆

■《史記》

自從西漢史學家司馬遷著《史記》以來，形成了歷代為前代撰寫史書的傳統。從《史記》至《明史》共二十四部，總稱《二十四史》。

在《二十四史》中不但記載歷代史實，還有關於天文、律曆的大量內容。

《二十四史》中有十七部專門著有天文、律曆、五行、天象諸志。各天文志中均有傳統的天象記錄，保證了中國古天象記錄的完整性。這些記載，是研究中國天文學史的主要資料來源。

《二十四史》中專門著有天文、律曆、五行、天象的史書，其中還包括《史記》、《漢書》、《後漢書》、《晉書》、《宋書》、《南齊書》、《魏書》、《隋書》、《舊唐書》、《新唐書》、《舊五代史》、《新五代史》、《宋史》、《遼史》、《金史》、《元史》、《明史》和《清史稿》。

其中有些史書的記載是歷史典籍中首次出現，具有重要的價值。

《史記‧天官書》為西漢史學家司馬遷撰，總結了西漢以前的天文知識，詳細敘述全天星官星名，全天五宮及各宮恆星分布，共列出九十多組星名，五百多星，但其名稱往往與後世有異，為研究星名沿革提供了訊息。

《史記‧天官書》還指出北與各星宿相對應的關係，根據北的觀測可判定各星宿的位置。關於恆星大小和顏色的描述表示了恆星亮度與溫度，這是中國古代有關恆星物理性質的難得資料。

《史記‧天官書》還敘述了眾多的天象、彗孛流隕、雲氣怪星等，描述了它們的形狀和區別，並記下了「星墜至地則石也」的認識。此外五大行星的運動規律，日月食的週期性，二十八宿與十二州分野都在這裡有首次記載。

《漢書‧天文志》由漢代大學問家馬續撰。關於全天恆星統計有一百一十八官，七百八十三星。天文志中詳細記錄了各種天象出現的時間，尤其是行星在恆星間的運行、太白晝見、彗孛出現的時間和方位。

《後漢書‧天文志》為西晉史學家司馬彪撰，也繼續記載這一系列天象。

兩書的「五行志」則著重記述日食、月食、日暈、日珥、彗孛流隕之事，特別對日食的食分和時刻有詳細記載，對太陽黑子出現的時間、形狀作出了很有價值的描述，是早期天象記錄的重要來源。

《晉書‧天文志》為唐代天文學家李淳風撰寫，是一篇重要的天文學著作，雖比《宋書》、《南齊書》、《魏書》的「天文」、「五行志」晚出，但它的內容豐富，基本上是晉以前天文學史的一個總結。

其中有關於天地結構的探討，渾天蓋天宣夜之說及論天學說，各說之間的爭論和責難。

有各代所製渾象的結構、尺寸、沿革情況；有全天恆星的重新描述，計兩百八十三官，一千四百六十四星，為陳卓總結甘石巫三家星以後直至明末之前中國恆星名數的定型之數。

有銀河所經過的星宿界限；十二次與州郡與二十八宿之間的對應關係，十二次是古人為了觀測日、月、五星的運行和氣節的變換，把周天分為十二的等分；還有各種天象的觀測，首次指出彗星是因太陽而發光，彗尾總背向太陽的道理。最後還記錄了大量天象，使歷代天象記錄延續不斷。

《隋書・天文志》也是李淳風所撰寫。關於天地結構，全天星宿的內容與晉志頗有相同之處，蓋因出於一人一時之筆。

但此書詳論渾儀之結構和蹤跡，首次描述了前趙孔挺和北魏斛蘭等人所鑄渾儀，留下了早期渾儀結構的資料，難能可貴。

《隋書・天文志》又論述了蓋地晷景、漏刻等內容，記錄了一日十時，夜分五更的制度。第一次列舉交州、金陵、洛陽等地測影結果，指出「寸差千里」的說法與事實不符。

書中還引述姜岌的發現，「日初出時，地有遊氣，故色赤而大，中天無遊氣，故色白而小」，這與蒙氣差的道理相合。

又引述南北朝時期天文學家張子信居海島觀測多年，發現太陽運動有快有慢，行星運動也不均勻，提出感召向背的原因來給予解釋。這都是中國天文學史上的重要發現。

新舊唐書出於不同作者，詳略各有不同，可互為參閱。兩書天文志詳論了北魏鐵渾儀傳至唐初已鏽蝕不能使用。

李淳風鑄渾天黃道儀，確立了渾儀的三層規環結構，又考慮白道經常變化的現象，使白道可在黃道環上移動，後來一行、梁令瓚又鑄黃道游儀，使黃道在赤道環上游動象徵歲差。

新舊唐書天文志記載了兩儀的結構和下落，並列出了一行測量二十八宿去極度的結果，發現古今所測有系統性的變化。

新舊唐書天文志還記載了一行、南宮說等進行大地測量的情況和結果，發現「寸差千里」之謬，並發現南北兩地的影長之差跟地點和季節均有關係，改以北極出地度來表示影差較為合適。

新舊唐書天文志還以較大篇幅記載唐代各種天象，互有補充。

特別應提出《舊唐書・天文志》記錄了唐代天文機構的隸屬關係和人員配置，相應的規章制度，尤其是規定司天官員不得與民間來往，使天文學逐漸成為皇室壟斷的學問。

這一資料對研究中國天文學史非常重要。新舊唐書天文志是晉志以後的重要著作。

新舊五代史也出自兩人，僅記日月食、彗流隕之天象，但《舊五代史》中天文志較詳盡。

《宋史・天文志》卷帙浩繁，除詳細敘述全天恆星、記錄宋代各種天象外，還介紹了北宋時期製造渾儀及水運渾象、儀象台的簡況，有沈括所著《渾儀議》、《浮漏議》、《景表議》三篇論文的全文，是天文學史的重要資料。

　　宋、遼、金三史以金史文筆最為簡潔，但金史將天文儀器的內容放在曆志裡，似無道理，它敘述了宋滅後北宋儀器悉歸於金，並運至北京，屢遭損壞的情況，對儀器的滄桑變遷提供了有價值的史料。

　　《元史・天文志》詳細記述了郭守敬創製的多種儀器，元代「四海測驗」的情況和結果，還有阿拉伯儀器的傳入，集中描述了七件西域儀象，是明代以前對傳入天文儀器描述最集中系統的資料。它是《唐書・天文志》以後較為重要的史料。

　　《明史・天文志》則是中西天文學合流之後記述這一情勢的重要資料，許多內容當採自崇禎曆書。這裡有第谷體系，日月行星與地球的距離數據，伽利略望遠鏡的最初發現，南天諸星北半球之中國不可見者，西方的一些天文儀器、黃道坐標系等。

　　《二十四史》「律曆志」中的律，主要內容是音律，與天文學關係似不密切。曆，是中國天文學史的主要內容，各史曆志是有關中國曆法史的資料源泉。

　　從史記曆書以來，各史中均詳細記載了一些曆法的基本數據和推算方法，還有相應的曆法沿革、理論問題等。

　　在曆法推算之外，還有一些有關曆法沿革和改曆背景方面的資料。

　　《後漢書》中有太初曆與四分曆興廢時期的情況，如賈逵論曆、永元論曆、延光論曆、漢安論曆、熹平論曆、論月食等篇。

　　《宋書・曆志》中有祖沖之與戴法興關於曆法理論問題的辯論。《新唐書・曆志》中有大衍曆議。《元史・曆志》中有授時曆議；《明史・曆志》中有曆法沿革、大統曆法原等。

這些都是很重要的篇章。對於研究中國曆法史來說，這些都是必不可少的資料。

《二十四史》中除上面列舉的天文、律曆、天象、五行諸志外，還有些篇章中也有關於天文學的內容。

如《帝紀》中就有不少重要的天象記錄以及這些天象發生前後的一些情況，在禮、經籍、藝文等志中有天文機構、天象祭祀、天文書籍的資料。

此外，在列傳中的方技、儒林、藝術、文苑、文學等部分有許多天文學家的傳記，為研究天文學家和他們的著作、貢獻提供了依據。因此，《二十四史》確實是中國天文學史的資料寶庫。

閱讀連結

學術爭論自古有之。祖沖之是南北朝時期的科學家。他曾滿懷熱情地把自己精心編成的《大明曆》連同《上「大明曆」表》一起送給朝廷，請求宋孝武帝改用新曆，公布施行。

可是，思想保守並頗受皇帝寵幸的大臣戴法興竭力加以反對，還指責祖沖之沒有資格來改變古曆。

祖沖之面對威脅，義正詞嚴地批駁他的歪理邪說。宋孝武帝終於被祖沖之精闢透徹的說理，確鑿無誤的事實所感動和說服，決定改行新曆。祖沖之取得了最後的勝利。

■古代詩文中的日月星辰

■古代記載星象的《詩經》

大儒有言，不通聲韻訓詁，不懂天文曆法，不能讀古書。中國古典詩文中特別注重對閃爍群星的描寫，這是古代天象記載的一個重要方面，對發展和傳播天文學知識造成了不可忽視的作用。

古典詩文中提到的日月星辰，包括二十八宿、銀河與牛郎織女、南斗和北斗，以及其他著名星斗，它們不僅具有天文學意義，其背後的故事更是耐人尋味。

在遙遠的夏商周時期，天文知識是每個人必備的基本常識，像《詩經》裡的一些涉及天文現象的詩句，無非都是農夫、戍卒、兒童們掛在口頭上的。

其實，在作為中國詩歌源頭的《詩經》中，浩瀚神祕的星空就已經是詩歌中常見的描寫對象了，後代文學作品中最常涉及的星宿，在《詩經》中基本上都已出現。

清代的著名學者顧炎武在他的著名筆記《日知錄》中說：「三代以上，人人皆知天文。七月流火，農夫之辭也。三星在戶，婦人之語也。月離於畢，戍卒之作也。龍尾伏辰，兒童之謠也。」

這裡的「三代」指的是夏、商、周三代，「火」、「三星」、「畢」、「龍尾」都是指星星的名稱。

「七月流火」源於《豳風·七月》，說的是大火星。大火星就是心宿二，也就是現代的天蠍座蠍尾倒刺上呈一條直線的三顆星中的第二顆。它是一顆著名的紅色亮星，體積為太陽的兩千七百萬倍，距離地球為四百二十四光年，在夏季的夜空中特別明顯。

「七月流火」本來的意思是說，至七月，大火星開始往下走，天氣漸漸轉涼。在此後的「九月授衣」，也就是說開始準備冬衣。就連蟋蟀也配合著節氣和氣候，「七月在野，八月在宇，九月在戶，十月蟋蟀入我床下」。

所以，「七月流火」的意義並不是像現代人根據字面上理解的那樣，以為說的是七月天氣炎熱。

大火星在《左傳》中也有記載，其中的童謠有「龍尾伏辰」之說，「龍尾」即尾宿，是現在天蠍座的整個尾巴，「辰」即是心宿。

《唐風·綢繆》中的「三星在戶」，說的是二十八宿中的參宿三星，它們是現代的獵戶座中間的呈一條直線的三顆星，在希臘神話中是獵戶的腰帶。

天演之變 天象記載

　　參宿三星出現在寥落的冬季夜空，非常容易辨識。《唐風 · 綢繆》一詩寫的是一位少女，在清冷的冬季望著掛在門端的參宿三星，思念自己的意中人，「今夕何夕，見此良人」。

　　「三星在戶」也有其他的美好寓意，如古代人常常在新婚夫婦的門側題寫「三星在戶，五世其昌」的對聯。

　　參宿一星與前面說到的心宿二星在天穹上一百八十度相對，兩兩相望此升彼落，永遠不能相逢。心宿二星又名「商星」，唐代詩人杜甫的名句「人生不相見，動如參與商」，說的就是朋友之間的隔絕難以相見。

　　《小雅 · 漸漸之石》「月離於畢」中的「畢」是二十八宿中的畢宿，「月離於畢，俾滂沱矣」，民間認為當月亮經過畢宿時，天就要下滂沱大雨。畢宿有八顆星，在古代又稱「天口」，形似古時田獵用的長柄網，而這種長柄網的名字就叫「畢」。

　　畢宿在現代是金牛座那著名的「Y」形群星，在冬末春初時的黃昏出現於南方的星空。其中，據說作為牛的左眼的畢宿五，也是天空中有名的亮星，是古代航海者辨別航向的重要依據。

　　古典詩文中提到的銀河與牛郎、織女，既有天文學意義，更有文學意蘊。夜空的銀河如同一條奔騰的急流，從東北向南橫跨整個天空。

　　一年四季之中，夏末秋初季節的銀河最為明亮壯觀。銀河古稱「天漢」，「漢」是地上的漢江，天漢就是天河。

　　《詩經》經常寫到天漢。《大雅 · 雲漢》說「倬彼雲漢，昭回於天」，意為那煙波浩渺的銀河在天空中流轉，為本來就熱鬧的星空平添了一抹浪漫主義色彩。

織女星距離地球二十六點五光年，是整個天空中除了太陽之外第四亮的恆星。在織女星旁邊有四顆小星組成一個菱形，中國古人認為那是織女織布用的梭子。

牽牛星距離地球十六點七光年，它和左右兩顆小星呈一條直線，中國民間稱之為「扁擔星」，傳說中兩顆小星是牛郎挑著的兩個孩子。

而民間把銀河與牽牛織女聯繫到一起，也是從《詩經》時代開始的。而《小雅·大東》就是民間對星空的淳樸理解：「維天有漢，監亦有光。跂彼織女，終日七襄。雖則七襄，不成報章。睆彼牽牛，不以服箱。」

銀河波光粼粼，左岸的織女一天忙到晚也織不出美麗的花紋，而右岸的牽牛星也沒有駕著車子來迎接她。從這短短的幾句話裡就可看出有許多的故事，這也已經具備了後世牽牛織女傳說的基本要素了。

在情感豐富而內斂的古人眼中，這流轉於天的銀河，就成了他們失眠之夜眺望的對象。唐代詩人白居易的《長恨歌》中的「遲遲鐘鼓初長夜，耿耿星河欲曙天」，就是唐玄宗所經歷的每一個夜晚。

唐代另一個詩人李商隱《嫦娥》一詩寫道：

雲母屏風燭影深，長河漸落曉星沉。

嫦娥應悔偷靈藥，碧海青天夜夜心。

初秋季節，長河漸落，又是一夜過去，詩中寂寥淒清的情緒感動著每一位讀者。

詩人在寫銀河時，總是把它與牽牛星、織女星一起描寫。唐代詩人杜牧《秋夕》寫道：「銀燭秋光冷畫屏，輕羅小扇撲流螢。天階夜

色涼如水，坐看牽牛織女星。」詩境與李商隱的《嫦娥》相類似，不過一寫在天之人，一寫在地之人罷了。

唐代詩人劉禹錫的《浪淘沙》寫道：「九曲黃河萬里沙，浪淘風簸自天涯。如今直上銀河去，同到牽牛織女家。」與以上兩詩不同，獨具豪邁的浪漫主義色彩。

牽牛織女的神話傳說在中國歷史悠久，源遠流長，同時也經歷了一個漫長的發展過程。

著名的《古詩十九首》中繼承並發展了《詩經》中的故事元素：

迢迢牽牛星，皎皎河漢女。纖纖擢素手，札札弄機杼。終日不成章，泣涕零如雨。河漢清且淺，相去復幾許？盈盈一水間，脈脈不得語。

牽牛星遙遠，織女星明亮，終日相望卻不能相聚，「盈盈一水間，脈脈不得語」，詩意含蓄雋永，餘味悠長。

不知道從什麼時候起，民間傳說中有了每年農曆七月初七牛郎織女相聚的情節。到了後世詩人手裡，這個頗富悲劇色彩的故事獲得了更多的同情。

宋代詞人秦觀《鵲橋仙》寫道：「纖雲弄巧，飛星傳恨，銀漢迢迢暗度。金風玉露一相逢，便勝卻人間無數。柔情似水，佳期如夢，忍顧鵲橋歸路。兩情若是長久時，又豈在朝朝暮暮。」這首詞已經成為對牛郎織女的堅貞愛情的最高讚頌而千古流傳。

南斗是由六顆星圍聚成斗的形狀，隸屬現代的人馬座；北為北斗七星，隸屬於大熊座。南斗和北斗中每一顆星在中國古代都各有名

稱，南斗六星分別名為天府、天相、天梁、天同、天樞、天機，北斗七星名為天樞、天璇、天璣、天權、玉衡、開陽、搖光。

這兩組星雖然沒有特別突出的亮星，但是由於其特殊的形狀和它們所在的位置，特別能夠引起詩人們的聯想和歌頌。對於南斗和北斗的描寫，當然也要從《詩經》說起。

《小雅 · 大東》記載：「維南有箕，不可以簸揚。維北有斗，不可以挹酒漿。」「箕」即箕宿，因為形似簸箕而得名，斗則是南斗的斗宿，「箕斗並在南方之時，箕在南而斗在北，故言南箕北。」

可是天上的簸箕卻不能用來簸米揚糠，斗勺也不能用來舀酒盛水。不得不說古人的思維浪漫離奇。

唐代有一位不是很有名的詩人劉方平，寫了一首《月夜》詩：

更深月色半人家，北斗闌干南斗斜。

今夜偏知春氣暖，蟲聲新透綠窗紗。

這首詩描寫的是春末夏初的夜晚的閒適生活，其中真實再現了當時「北斗闌干南斗斜」的夜空情境。

無獨有偶，曾經造成洛陽紙貴的轟動效應的左思《吳都賦》中也說「仰南斗以斟酌」，也是要用天上的星斗來斟酒。

相對而言，北斗的知名度比南斗高，因為它位於北天極附近，又像時針一樣指著北極星而旋轉，一年四季可見，一夜到亮可見。北不僅是天上的著名天象，同時也是古人藉以判斷季節的依據之一。

諸子百家之一的《鶡冠子》寫道：「斗柄東指，天下皆春；斗柄南指，天下皆夏；斗柄西指，天下皆秋；斗柄北指，天下皆冬。」

天演之變　天象記載

是說黃昏時刻，當北星的斗柄指向正東、正南、正西、正北時，則分別標誌著春夏秋冬的開始。而午夜子時，當北星的斗柄指向正東、正南、正西、正北時，則分別是春分、夏至、秋分和冬至四個節氣。

古人的觀察非常細緻。《古詩十九首》裡面的「玉衡指孟冬，眾星何歷歷」，所描寫的正是「斗柄北指，天下皆冬」的情景。杜甫《贈王二十四侍郎契》「一別星橋夜，三移斗柄春」，說的則是斗柄三次東指，已經過了三年了。

北四季旋轉不停，整夜旋轉不停，因而特別容易成為詩人歌詠的對象。唐代詩人李白《長門怨》：「天回北掛西樓，金屋無人螢火流。月光欲到長門殿，別作深宮一段愁。」與「長河漸落」的即將破曉的天象不同，「北掛西樓」則是夏季深夜的情景。

月亮是古今詩人最喜歡寫到的景物之一，然而「月有陰晴圓缺」，不同詩人在不同時候寫下的月亮也是不同的，因而很有辨析的必要。

白居易的「可憐九月初三夜，露似珍珠月似弓」寫的是新月，農曆月初的黃昏出現於西方的天空，兩個尖角朝向斜上方。

唐代詩人張繼的「月落烏啼霜滿天」寫的是上弦月，是新月越來越滿，變成半個月亮的樣子，其中的直線位於偏上方。

上弦月再發展下去就是滿月，就是唐代詩人張九齡的「海上生明月，天涯共此時」，以及蘇軾的「明月幾時有，把酒問青天」所描寫的樣子。

圓月漸缺，就變成了直線偏下弦月和兩個尖角朝向斜下方的殘月，也就是唐代詩人李賀的「曉月當簾掛玉弓」和柳永的「楊柳岸，曉風殘月」所寫的即是殘月。

二十八宿是古代中國人對黃道附近的群星的劃分。地球繞太陽運行的軌道就是黃道，可是在古人看來，明明是太陽在繞著大地旋轉，因此名為「黃道」。我們稱之為「二十八宿」。

二十八宿因為在中國民間有著廣泛的基礎，而屢屢被詩人們寫到，上面所羅列的《詩經》中提到的就包括了心宿、參宿、畢宿、斗宿、箕宿等。

唐代詩人王勃的《滕王閣序》中寫道：「豫章故郡，洪都新府。星分翼軫，地接衡廬。」滕王閣所在的南昌，所對應的天上的星宿是翼宿和軫宿，因而是「星分翼軫」。

宋代詩人黃庭堅的寫有一首《二十八宿歌贈別無咎》，在一首送別詩中囊括了全部的二十八宿。

天空上的星斗以年為週期流轉變化，而月亮則是一個月運行一個週期，所以在古人看來，星斗的變動較少，而彷彿月亮在各個星宿中穿行一樣。

宋代文學家蘇軾的《前赤壁賦》有這麼一段：「壬戌之秋，七月既望。蘇子與客泛舟遊於赤壁之下……少焉，月出於東山之上，徘徊於斗牛之間。」寫的就是月亮彷彿在斗宿和牛宿之間徘徊。

要說最有名的星斗，當屬北極星了，因為北極星是天上眾星旋轉所圍繞的中心點。

孔子說：「為政以德，譬如北辰，居其所而眾星共之。」《滕王閣序》寫道：「地勢極而南溟深，天柱高而北辰遠。」杜甫《登樓》寫道：「北極朝廷終不改，西山寇盜莫相侵。」都足以說明北極星在古人心目中的地位。

地球繞地軸自轉，地軸呈一個斜角直指北天極，由於地軸存在微小的偏振，所以北極星並不是一直不變的，而是由地軸所指向的那一小片區域裡的群星輪流擔任的。

現在的北極星是小熊座的α星，據測算，一點四萬年以後，織女星距離北天極最近，那時的北極星將會是織女星。

《詩經‧小雅‧大東》記載：「東有啟明，西有長庚。」意思是東方有一顆亮星叫「啟明星」，西方有一顆亮星叫「長庚星」，而在很早的時候，人們就知道這兩顆星其實是一顆。

《韓詩外傳》解釋說：「太白晨出東方為啟明，昏見西方為長庚。」太白也就是金星，金星是天空中除了太陽和月亮之外最亮的天體，在黎明的時候出現在東方，在黃昏的時候便出現在西方。

黎明和黃昏，正是日月隱去眾星未顯之時，天空只有一顆閃耀如鑽石的金星。

李白的詩歌中有「孤月滄浪河漢清，北錯落長庚明」之句，據說李白的母親懷孕時夢見太白星入懷，所以他的父親為他取名「李白」，字太白，因此李白對太白星有著特殊的感情。

他描寫太白金星道：「太白何蒼蒼，星辰上森列。去天三百里，邈爾與世絕。」這顆孤傲的亮星同時也是他自己。

在另一首《登太白峰》中，李白寫道：

西上太白峰，夕陽窮登攀。

太白與我語，為我開天關。

一首詩中出現了太白峰、太白星和李太白三個太白，妙趣橫生。金星是行星，而天空中除了太陽之外最亮的恆星則是天狼星。

蘇軾的詞《江城子‧密州出獵》中寫道：「會挽雕弓如滿月，西北望，射天狼。」

天狼星位於大犬座，通常和獵戶座一起出現，位於獵戶座的左下方。在西方的天文神話中，看上去就像獵戶帶著獵犬，壁壘森嚴地準備與迎面而來的金牛作戰。

在中國古代的天文思想中，天狼星是代表侵略和戰爭的一顆星星，在蘇軾的詞中，它代表著剛剛與北宋王朝發生過戰爭的西夏，所以「西北望，射天狼」句，表達了詩人希望粉碎外來侵略的良好願望。

總之，古詩文中提到的日月星辰，具有天文和文學雙重含義。從天文學的角度講，當代學者在進行「夏商周斷代工程」時，許多年分的考訂都經過了都借助了古籍中對天文現象的記載。

而根據現代發達的科技水準，我們可以推知幾千年前或幾千年後的某一夜有什麼天文現象發生，或者當晚的天象是什麼情況。

閱讀連結

傳說天上的牛郎星和織女星原是一對夫妻，但只能每年七夕相聚一次。

很久以前，牛郎與老牛相依為命。一天，老牛讓牛郎去樹林邊，會看到一位美麗的姑娘織女和他結為夫妻。事情和老牛說的一樣，牛郎與織女過上了幸福的日子。

織女原來是天上的織女星下凡，她正在享受幸福生活，卻被天神抓走了，牛郎帶著兒女披著牛皮追去。這時，王母拿下簪子畫了條天河，他們被隔開了。他們互相掙扎著，王母最後就讓他們每年見一次，就形成了現在的「七夕」。

▋顯示群星的星表星圖

■古人觀測繪製星圖

中國古代取得了大量天體測量成果，為後人留下了很多珍貴的星圖、星表。

星表是把測量出的恆星的坐標加以彙編而成的。

星圖是天文學家觀測星辰的形象記錄，它真實地反映了一定時期內，天文學家在天體測量方面所取得的成果。此外，它還是天文工作者認星和測星的重要工具，其作用猶如地理學中的地圖。

中國星表的測繪起源較早。

戰國時代，魏人石申編寫了《天文》一書共八卷，後人稱之為《石氏星經》。

雖然它至宋代以後失傳了，但我們今天仍然能從唐代的天文著作《開元占經》中見到它的一些片段，並從中可以整理出一分石氏星表來，其中有二十八宿距星和一百一十五顆恆星的赤道坐標位置。這是世界上最古老的星表之一。

　　考古工作者於西元一九七七年在安徽省阜陽發掘了一個西漢早期墓葬，出土了一件二十八宿圓盤，上面刻有二十八宿距度。這些距度數據與《開元占經》所引的「古度」相同。

　　此外，從湖南省長沙馬王堆漢墓出土的《五星占》，記載了西元前三世紀的行星運行資料，表明那時已有測角工具，在石氏的時代有可能對恆星做出了坐標位置的測量。

　　宋代觀測星表資料保存在北宋政治家王安石的《靈台祕苑》和宋元之際歷史學家馬端臨的《文獻通考‧象緯考》中，兩書中記載的星表有星三百六十顆，現代星名證認的是三百四十五顆。這分星表的精度大約半度，測定年代為西元一〇五二年。

　　元代天文學家郭守敬等人也曾完成過星表的測製，保存在明代《三垣列舍入宿去極集》中。

　　這是一部星圖和星表合為一體的著作，在星圖上某星的旁邊註明該星的入宿度和去極度，總計有星官兩百六十七座，一千三百七十五星，給出坐標的星七百三十九顆，所以這既是一個全天星圖，又是一分全天星表。

　　明代朝廷曾命譯西域天文書四卷，保存在《明譯天文書》中。書中首次介紹了星等的概念，這是西方從托勒密以來就一直流傳的觀點。

《明譯天文書》中有三十顆星的星等和黃經值，是波斯天文學家闊識牙爾原作。明代的另一分星表在明代天文學家貝琳所著的《七政推步》一書中，這是一本介紹阿拉伯天文學的書，寫成於西元一四七七年。

其中的星表有星兩百七十七顆，給出星等和黃經、黃緯，並且首次做了中西星名對照，這對後來中國人學習歐洲天文知識很有幫助。該星表的數據可能是元代上都天文台的阿拉伯學者所測。

除了全天星表之外，二十八宿星表是中國天文史上較豐富的一個內容，它包括二十八宿的距星數據，主要是距度和去極度。距度是距星之間的赤經差，去極度是赤緯的餘角。

由於歲差的關係，北天極的位置經常變化，赤經的起算點、春分點在恆星間的位置也經常變化，因此，不同時代各距星的坐標不同，距度和去極度也不同。

但各個時代的測量值逐漸趨於精準，顯示了中國古代恆星位置觀測精度的不斷提高。比如宋代天文學家、曆法家姚舜輔為了編纂《紀元曆》，於崇寧年間進行了一次觀測，這次觀測的精度非常高，其測量誤差只有零點一五度，二十八宿距度被再次更新。

再如元代郭守敬的觀測精度較之姚舜輔又提高了一步，二十八宿距度的平均測量誤差小於零點一度。與郭守敬同時代的趙友欽創造了恆星觀測的新方法，即利用上中天的時間差來求恆星的赤經差，與現代的子午觀測原理完全一致。

其實，不管是二十八宿距度的變化，還是北極星的偏極，都是歲差造成的。顯然古代天文學家已發現這種現象，而且不厭其煩地修正、觀測、再修正。

地有地圖，天有星圖。星圖表示了恆星的分布和排列圖形，為了表示恆星的位置，又畫有一些標誌性的線圈，如黃赤道、恆星圈之類，這類似於地圖上的經緯線。

中國古代的星圖是重要的天文資料，尤其是全天星圖，在世界上也不多見。

中國古星圖可分兩類，一類是示意性的，用於裝飾，常見於建築物上和墓葬中，這類星圖準確性不高，或只有局部天區；另一類是科學性的，描述恆星排列位置，記載天象觀測，位置準確程度較高，星數較多，為便於表現，又有蓋圖式、橫圖式、半球式、分月式多種。

示意性星圖隨著出土文物可以不斷收集到。

如東漢畫像上的織女星圖，五代錢元瓘墓石刻星圖，唐代鑄造的四象二十八宿銅鏡，遼代墓葬彩色星象畫等。其中的遼代墓葬彩色星象畫頗有價值，可幫助我們瞭解古代人們認識星空時的形象。

西元一九七一年在河北省宣化遼代墓葬中發現一幅彩色星象畫，中央嵌一銅鏡，四周有蓮花瓣形狀的圖案。外面是北斗七星，東方繪一太陽，又黑白相間地繪有八個圓圈，表示月亮、五行星、計都和羅睺等，連太陽一共是九曜。

再向外是二十八宿星象，均有細線相連結成圖形；最外面又有十二個圓圈，內畫黃道十二宮的圖形。其圖像和名稱均是中西合流的，對研究中國歷史上中外天文學交流很有價值。

科學性星圖一般為天文學家所使用，它們的繪製有一定的觀測依據，因此準確性較高。

天演之變 天象記載

在星圖發展史上，總結甘石巫三家星的吳國太史令陳卓有重要的貢獻，他總結了三家星，得到兩百八十三官、一千四百六十四星的數字，並繪有全天星圖。

雖然這幅星圖沒有流傳下來，但它對後代星圖影響很大，從後代的星圖中我們可以探索到它的形狀。

東漢文學家蔡邕的《月令章句》記敘了漢代星圖的大致結構，根據書中文字可復原當時的天文星圖。該星圖是圓形的，以北天極為中心，向外三層紅色同心圓分別為內規、赤道和外規。

內規相當於北緯五十五度的赤緯圈，表示內規以內的天區，總在地平線以上，全年都可看到；外規相當於南緯五十五度的赤緯圈，表示外規以外的天區，總在地平線以下，全年看不到。

從內規與外規的度數分析來看，此星圖曾用於中原地區。

在星圖的繪製方法上，天球是三維體，中國古代還沒有掌握把它投影到三維平面上的技術。在蔡邕記敘的漢代星圖中，與北天極不等距的黃道應該是一個橢圓形，卻被畫成正圓形。

在繪有赤道以南星象的圓形星圖中，這種變形更為明顯。

大約在隋代，出現了一種用直角坐標投影的長條星圖，稱為「橫圖」。在橫圖上，雖然赤道附近的星象接近真實，但天極周圍的星象又發生歪曲。

解決這個問題的最好辦法就是分別進行繪製，也就是用橫圖表現赤道附近的星象，用圓圖表現天極附近的星象。

宋代天文學家蘇頌所繪的一套星圖，正是採用這種手法的代表作。

蘇頌的《新儀象法要》有星圖兩種五幅，四時昏曉中星圖九種。其中所標二十八宿距度值，與他在元豐年間的觀測記錄相同，說明此星圖是他根據實際觀測繪製的。

這些結構圖是中國現存最古的機械圖紙。它採用透視和示意的畫法，並標註名稱來描繪機件。透過復原研究，證明這些圖的一點一線都有根據，與書中所記尺寸數字準確相符。

現存於江蘇省蘇州博物館內的蘇州石刻天文圖，是世界現存最古老的石刻星圖之一。

此圖是採用了北宋元豐年間全天恆星觀測數據，西元一一九〇年由南宋製圖學家黃裳繪製並獻給南宋嘉王趙擴，在西元一二四七年由宋代地方官王致遠主持刻在石碑上。

這幅石刻星圖採用蓋圖式樣，上有黃赤道，內外規和銀河，又有二十八宿的分界經線，外圍還刻有周天度和分野及二十八宿距度。圖高約二點四五公尺，寬約一點一七公尺，圖上共有星一千四百三十四顆，位置準確。

全圖銀河清晰，河漢分叉，刻畫細緻，引人入勝，在一定程度上反映了當時天文學的發展水準。今人從該星圖的研究中得到了不少歷史訊息，為現代天文學研究提供了幫助。

中國古星圖發展至宋代可算達到高潮，而蘇州石刻星圖的形式在清代末期還在繼續發揮影響。

清代星圖多受到西方天文學知識的影響，往往在傳統的蓋圖式樣上附有星等標即用來描述天體明亮程度的尺標、星氣即星際的氣體等符號。

同時，清代的星圖，把天區擴展到南極附近，另外新設二十三個星官、一百三十顆星。新增加的星中，絕大部分在中國看不到，是根據西方星表補充進來的。

在內蒙古自治區呼和浩特市五塔寺的塔身上嵌有一幅石刻古星圖，用蒙文說明。這分石刻蒙文星圖在中國還是首見，其形式仍為蓋圖式樣，有星一千四百餘顆，據考證是清代初期繪製，乾隆年間刻石砌在塔身上的。

在杭州玉皇頂上還有一圓形石刻星圖，為清代晚期所刻。這是傳統的蓋圖式樣，也沒有採用西方天文學知識，直徑約一公尺，無疑是中國古老星圖的傳流刻本。

中國古代的這些星表星圖，為人類認識宇宙奠定了堅實的基礎，充分說明了中國古代人民在天文學研究方面的卓越成就。

閱讀連結

南宋製圖學家黃裳，曾經精心繪製八幅圖呈送皇帝觀看。這八幅圖是：太極圖、三才本性圖、皇帝王伯學術圖、九流學術圖、天文圖、地理圖、帝王紹運圖、百官圖。現存只有天文圖、地理圖和帝王紹運圖，這三幅圖現存於蘇州碑刻博物館。

天文圖、地理圖是當今世界天文學和地理學的奇珍，已載入人類科學史冊。尤其珍貴的是天文圖，是世界上現存星數最多的古代星圖，其星多達一千四百四十顆。

黃裳不愧為中國歷史上一位偉大的科學家。

▌中華三垣四象二十八宿

■星宿人物雕刻

　　星空的含義不是星空自給的，而是人類社會的產物。中國古代就有自己一套獨具特色的星座體系，而且這個體系是把中國古代社會和文化搬到了天上而建立起來的。

　　三垣四象二十八宿，是中國特有的天空分割體系，歷來為研究者重視。人們研究它的目的是想探求除了作為天空分割之外的更深層的天文學含義。

　　中國古人很早就把星空分為若干個區域。西漢時期，司馬遷所著《史記》裡的「天官書」中，就把星空分為中宮、東宮、西宮、南宮、北宮五個天區。隋代以後，星空的區域劃分基本固定，這就是在中國人們常說的三垣四象二十八宿。

三垣，即紫微垣、天市垣和太微垣，它是中國古代劃分星空的星官之一，與黃道帶上之二十八宿合稱「三垣二十八宿」。

三垣的每垣都是一個比較大的天區，內含若干星官或稱為「星座」。各垣都有東、西兩藩的星，左右環列，其形如牆垣，稱為「垣」。

紫微垣包括北天極附近的天區，大體相當於拱極星區。紫微垣是三垣的中垣，居於北天中央，所以又稱「中宮」，或「紫微宮」。紫微宮即皇宮的意思，各星多數以紫微垣附近星區官名命名。

紫微垣名稱最早見於《開元占經》輯錄的《石氏星經》中。

它以北極為中樞，東、西兩藩共十五顆星。兩弓相合，環抱成垣。整個紫微垣據宋皇佑年間的觀測記錄，共三十七個星座，正星一百六十三顆，增星一百八十一顆。

太微垣是三垣的上垣，位居於紫微垣之下的東北方。在北之南，軫宿和翼宿之北，呈屏藩形狀。

太微垣名稱始見於唐代初期的《玄象詩》。太微即朝廷的意思，星名也多用官名命名，例如左執法名為廷尉，右執法名為御史大夫等。

太微垣約占天區六十三度範圍，以五帝座為中樞，共二十個星座，正星七十八顆，增星一百顆。它包含室女、后髮、獅子等星座的一部分。

天市垣是三垣的下垣，位居紫微垣之下的東南方向。在房宿和心宿的東北方，並且以帝座為中樞，呈屏藩形狀。

天市即「集貿市場」，《晉書‧天文志》記載：「天子率諸侯幸都市也。」故星名多用貨物、星具、經營內容的市場命名。

天市垣約占天空的五十七度範圍，包含十九個星官或星座，正星八十七顆，增星一百七十三顆。它以帝座為中樞，呈屏藩之狀。

古人把東、北、西、南四方每一方的七宿想像為四種動物形象，叫做「四象」。在二十八宿中，四象用來劃分天上的星星，也稱「四神」、「四靈」。

在中國傳統文化中，青龍、白虎、朱雀、玄武是四象的代表物。青龍代表木，白虎代表風，朱雀代表火，玄武代表水。

東方七宿，如同飛舞在春天初夏夜空的巨龍，故而稱為「東宮蒼龍」；南方七宿，像一隻展翅飛翔的朱雀，出現在寒冬早春的夜空，故而稱為「南宮朱雀」；西方七宿，猶如猛虎躍出深秋初冬的夜空，故而稱為「西宮白虎」；北方七宿，似蛇、龜出現在夏天秋初夜空，故稱為「北宮玄武」。

四象的出現比較早，《尚書·堯典》中已有雛形。春秋戰國時期五行說興起，以五行配五色、五方，對天空也出現了五宮說。

《史記·天官書》中就是將全天分成五宮，東西南北四宮外有中宮，中宮以北為主，認為「斗為帝車，運於中央，臨制四鄉。分陰陽、建四時、均五行、移節度、定諸記，皆繫於斗」。

與三垣和四象相比，二十八宿的問題複雜得多。它是古人為觀測日、月、五星運行而劃分的二十八個星區，用來說明日、月、五星運行所到的位置。每宿包含若干顆恆星。是中國傳統文化中的主題之一，廣泛應用於古代天文、宗教、文學及星占、星命、風水、擇吉等術數中。不同的領域賦予了它不同的內涵，相關內容非常龐雜。

古代觀測二十八宿出沒的方法常見的有四種：一是在黃昏日落後的夜幕初降之時，觀測東方地平線上升起的星宿，稱為「昏見」；二

是此時觀測南中天上的星宿，稱為「昏中」；三是在黎明前夜幕將落之時，觀測東方地平線上升起的星宿，稱為「晨見」或「朝覿」；四是在此時觀測南中天上的星宿，稱為「旦中」。

古時人們為了方便於觀測日、月和金、木、水、火、土五大行星的運轉，便將黃、赤道附近的星座選出二十八個作為標誌，合稱「二十八星座」或「二十八星宿」。

角、亢、氐、房、心、尾、箕，這七個星宿組成一個龍的形象，春分時節在東部的天空，故稱「東方青龍七宿」；

斗、牛、女、虛、危、室、壁，這七個星宿形成一組龜蛇互纏的形象，春分時節在北部的天空，故稱「北方玄武七宿」；

奎、婁、胃、昴、畢、觜、參，這七星宿形成一個虎的形象，春分時節在西部的天空，故稱「西方白虎七宿」；

井、鬼、柳、星、張、翼、軫，這七個星宿又形成一個鳥的形象，春分時節在南部天空，故稱「南方朱雀七宿」。

由以上七宿組成的四個動物的形象，合稱為「四象」、「四維」、「四獸」。古代人們用這四象和二十八星宿中每象每宿的出沒和到達中天的時刻來判定季節。

古人面向南方看方向節氣，所以才有左東方青龍、右西方白虎、後北方玄武、前南方朱雀的說法。

在東方七宿中，角，就是龍角。角宿屬於室女座，其中較亮的角宿一和角宿二，分別是一等和三等星。黃道就在這兩顆星之間穿過，因此日月和行星常會在這兩顆星附近經過。古籍上稱角二星為天關或天門，也是這個原因。

亢，就是龍的咽喉。亢宿也屬於室女座，但較角宿小，其中的星也較暗弱，多為四等以下。

氐，就是為龍的前足。氐宿屬於天秤座，包括氐宿三、氐宿四、氐宿一，它們都是二三等的較亮星，這三顆星構成了一個等腰三角形，頂點的氐宿四在黃道上。

房，就是胸房。房宿屬於天蠍座，房四星是蠍子的頭，它們都是二三等的較亮星。

心，就是龍心。心星，即著名的心宿二，古代稱之為「火」、「大火」或「商星」。它是一顆紅巨星，呈紅色，是一等星。心宿也屬於天蠍座，心宿三星組成了蠍子的軀幹。

尾，就是龍尾。尾宿也屬於天蠍座，正是蠍子的尾巴，由八九顆較亮的星組成。

箕，顧名思義，其形象簸箕。箕宿屬於人馬座，箕宿四星組成一個四邊形，形狀有如簸箕。

北方七宿共五十六個星座，八百餘顆星，它們組成了蛇與龜的形象，故稱為「玄武」。

斗宿為北方玄武元龜之首，由六顆星組成，形狀如斗，一般稱其為「南斗」，它與北斗一起掌管著生死大權，又稱為「天廟」。

牛宿六星，形狀如牛角。女宿四星，形狀也像簸箕。

虛宿主星即《尚書‧堯典》中四星之一的虛星，又名「天節」，頗有不祥之意，遠古虛星主秋，含有肅殺之象，萬物枯落，委實可悲。

危宿內有墳墓星座、虛粱星座、蓋屋星座，也不吉祥，反映了古人在深秋臨冬之季節的內心不安。

室宿又名「玄宮」、「清廟」、「玄冥」，它的出現告訴人們要加固屋室，以過嚴冬。

壁宿與室宿相類，可能含有加固院牆之意。

西方七宿共有五十四個星座，七百餘顆星，它們組成了白虎圖案。

奎宿由十六顆不太亮的星組成，形狀如鞋底，它算是白虎之神的尾巴。婁宿三星，附近有左更、右更、天倉、天大將軍等星座。胃宿三星緊靠在一起，附近有天廩、天船、積屍、積水等星座。

昴宿即著名的昴星團，有關它的神話傳說特別多，昴宿內有捲舌、天讒之星，似乎是禍從口出的意思。畢宿八星，形狀如叉爪，畢星又號稱「雨師」，又名「屏翳」、「玄冥」，中國以畢宿為雨星。

觜宿三星幾乎完全靠在一起，恰如「櫻桃小口一點點」。

參宿七星，中間三星排成一排，兩側各有兩顆星，七顆星均很亮，在天空中非常顯眼，它與大火星正好相對。

南方七宿計有四十二個星座，五百多顆星，它的形像是一隻展翅飛翔的朱雀。

井宿八星如井，西方稱為「雙子」，附近有北河、南河、積水、水府等星座。

鬼宿四星，據說一管積聚馬匹、一管積聚兵士、一管積聚布帛、一管積聚金玉，附近還有天狗、天社、外廚等星座。

柳宿八星，狀如垂柳，它是朱雀的口。星宿七星，是朱雀的頸，附近是軒轅十七星。張宿六星為朱雀的嗉子，附近有天廟十四星。翼宿二十二星，算是朱雀的翅膀和尾巴。

軫宿四星又名「天車」，四星居中，旁有左轄、右轄兩星，古籍稱之為「車之象也」。

中華三垣四象二十八宿在天文史上名稱的形成及其含義，體現了中國傳統文化的豐富內涵，給人不少啟發。中國古人相信天人之際能夠相互感應，天上發生某種天象，總昭示人間某時某地要發生某件事情，所以對恆星的命名對應著人間的萬事萬物。

閱讀連結

在古代，確實能看到七顆星，就好似七位仙女，身著藍白色紗衣在雲中漫步和舞蹈。後來不知道在哪一年，有一顆星突然暗了下去，不能見到了。

於是，人間在詫異的同時，開始流傳著這麼一個故事，這就是「七小妹下嫁」的美麗傳說。黃梅戲《天仙配》說的就是她們的故事。

▌獨具特色的古代天文機構

■古天文台遺址

在中國古代，天文機構受到很大的重視，作為歷代朝廷機構，與國運的興衰、朝代的更迭共呼吸。古代天文機構包括設置的天文、曆法、漏刻等分職機構，其主要負責觀象、製曆、報時等方面的事務。

歷代天文機構負責觀察天文天象的部門與製曆、報時等部門相比地位尤為特殊，它不僅與參驗曆法的推算結果有關，具有重要的科學功能，而且與占驗人事的吉凶禍福有關，具有重要的社會功能。

中國古代天文機構的工作，首先是天象的觀測記錄，內容有恆星位置的測定，並編製成星表或繪製為星圖，日月食和掩星觀測，行星在恆星背景下的視運動狀況，異常天象的觀測記錄，包括彗星、新星、流星、太陽黑子等，對其中的某些天象有選擇地向皇帝彙報。

其次是觀天儀器的研製和管理。還有就是修訂曆法，編算曆書曆譜並印製頒發。

中國歷代的天文機構都有一定規模，機構官員眾多，但分工一般都很細密。早在《周禮‧春官‧宗伯》所記載各種職官中，就有六種與天文學有關。

比如掌建邦之天神、人鬼、地示之禮的「大宗伯」；以日月星辰占夢之吉凶的「占夢」；掌天文曆法的「大史」；掌觀察星辰日月變動、辨明測知天下吉禍福的「保章氏」等。

各天文官的級別、僚屬等，均有明確規定。其中「大宗伯」級別高，職掌範圍較大，天文事務是其管轄的一部分。

從魏晉時起，大史改為「太史」，成為朝廷天文機構的專職負責人，而相當於《周禮》中「保章氏」的職官，則成為太史的下屬官員。太史所領導的天文機構，其名稱屢有變動，如太史監、太史局、司天台等，至明清時期，乃定名「欽天監」。

太史令的品級一般在三五級之間，然而因為他是天意的解釋者和傳達者，故在某些重要關頭，太史令之言，可能比一品大員的話更有分量。

此後，一些著名天文學家深得帝王寵信，他們另任高官，並不擔任天文機構中的官職，但是他們在天文事務中的發言權，有時遠勝過太史令。

明末清初，西學東漸，西方傳教士利用科學新法在預報日月食上較中國古法準確，逐漸被朝廷重視。而由當時的觀象台工作人員編製的《靈台儀象志》，對中國天文界繼續接受西方近代天文學知識，轉變到新的天文學道路上來有其積極意義。

天文回望：天文歷史與天文科技

天演之變 天象記載

明清兩代的皇家天文台，就是現在的北京古觀象台，擔負著觀測天象、編算曆書的重任。在中國封建社會裡，頒曆和解釋天象乃是皇權的象徵，所以司天重地是一般人不能擅入的禁苑。

北京古觀象台最早可上溯至七百多年前的金代。金滅宋以後，建都北京，稱為「中都」，城址在現廣安門一帶。此後，歷經元代和明代。

清代，對觀象台上的儀器進行了徹底的改造，所有儀器都在康熙年間撤下，換成受西方天文學影響的八件天文儀器。這是當時天文學領域西學東漸之風的體現。

康熙帝命比利時傳教士南懷仁負責「治理曆法」，推算西元一六七〇年曆書。南懷仁提出應製造新式天文儀器。八件儀器中的六件儀器是由南懷仁主持鑄造的。

新式天文儀器鑄成之後，為了說明新儀的結構、原理、安裝和使用方法，南懷仁編撰了《靈台儀象志》一書，於西元一六七四年一月二十九日奏報清朝朝廷。

《靈台儀象志》詳述六件儀器的結構、用途、使用方法，刻度游標使讀數精度提高的原理。闡述了用不同坐標體系的儀器測量同一天體坐標互為吻合的道理。

力學和運動學方面主要有槓桿及材料斷裂問題，物質的密度，物體之重心，滑輪省力，螺旋的作用，垂線球儀即單擺的知識，單擺的等時性，週期與振幅無關、週期平方同擺線長度成正比，作為單擺計時的例子，介紹自由落體的行程與時間平方成正比。

光學方面有顏色的合成，日光通過三棱玻璃被分解成各色光，光線在不同介質分界面上的折射，給出入射角與折射角的對應表。

書中介紹的光學知識主要為折射現象，這一現象在湯若望的《遠鏡說》裡已有介紹，南懷仁進一步給出了不同介質分界面上入射角與折射角的對應表，這是認識折射規律的重要步驟。

地學方面主要有測地半徑法。測某地南北線的方法，羅經偏角，長距離水平測量要考慮地球曲率；測雲高法，氣、水、火、土四元素說；溫度計和濕度計的原理及結構，地面上經緯度差與距離的換算表，不同緯圈上一度與赤道一度長的比例表，度、分、秒與里的換算表等。

其中表格部分主要是一千八百多個恆星的黃道和赤道經緯度表，黃赤二道坐標換算表，赤道地平二坐標換算表等。

插圖部分共一百一十七幅，是製造新儀和講述上面知識時所用的插圖，為便於理解文意而作，是頗有價值的一部分。

清初新製六件儀器打破了中國古典儀器環圈疊套、各種坐標共於一儀的傳統，既便於觀測，也不遮掩天區。刻度裝有游標，提高讀數精度。這些都比傳統的中國古典儀器先進。

《靈台儀象志》還首次向中國介紹了溫度計和濕度計的製造原理和方法，其中溫度計的知識是十七世紀早期的成果，而濕度計的知識要比西方書籍中記述的同類作品為早，這是應予肯定的。

總的看來，《靈台儀象志》在當時的中國出現還是一件有價值的事，它在中國天文學史、天文儀器製造史上都有一定的地位。

書中的科學插圖，比北宋的《新儀象法要》要詳細豐富。在其他知識方面，也不愧為最早向中國傳送西方科學技術知識的書籍之一。

閱讀連結

　　西元一六四四年七月，義大利的耶穌會傳教士湯若望向清朝朝廷進呈了一架渾天星球儀、一件地平日晷和一台望遠鏡，還呈遞了曆書範本一冊，有根有據地指出了舊曆的七大謬誤之處，並準確預測了八月一日的日食。

　　湯若望所闡述的天文學道理得到清朝朝廷的認可，朝廷決定採用他新編製的新曆，定名為《時憲曆》，頒行天下。

　　朝廷還任命他為欽天監監正，這是中國歷史上的第一個洋監正，開創了清廷任用耶穌會傳教士掌管欽天監的將近兩百年之久的歷史。

天地法則 曆法編訂

　　曆法是長時間的紀時系統，是對年、月、日、時的安排。中國的農業生產歷史悠久，因為農事活動和四季變化密切相關，所以曆法最初是由農業生產的需要而創製的。

　　此外，新曆法與新政權有關，按照中國歷代傳統，改朝換代要改換新曆。

　　研製新曆，改革舊曆，歷來是推動中國古代天文學發展的一個動力。中國古代制定過許多曆法，它們除了為現實生活服務外，在天文曆法的認知層面也逐步提高，提出了許多很有價值的創建，產生了重要影響。

▉致用性的古代曆法

■古代曆法

所謂曆法，簡單說就是根據天象變化的自然規律，計量較長的時間間隔，判斷氣候的變化，預示季節來臨的法則。

中國古代曆法的最大特點就是它所具有的致用性，也就是為了滿足農業生產的需要和意識形態方面的需要而產生的。它所包含的內容十分豐富，如推算朔望、二十四節氣、安置閏月等。

當然，這些內容是隨著天文學的發展逐步充實到曆法中的，而且經歷了一個相當長的歷史階段。

中國古代天文學史，在一定意義上來說，就是一部曆法改革史。

根據成書於春秋時期的典籍《尚書‧堯典》記載，帝堯曾經組織了一批天文官員到東、南、西、北四方去觀測星象，用來編製曆法，預報季節。

成書年代不晚於春秋時期的《夏小正》中，按十二個月的順序分別記述了當月星象、氣象、物候，以及應該從事的農業和其他活動。

　　夏代曆法的基本輪廓是，將一年分為十二個月，除了二月、十一月、十二月之外，其餘每月均以某些顯著星象的昏、旦中天、晨見、夕伏來表示節候。

　　這雖然不能算是科學的曆法，但稱它為物候曆和天文曆的結合體是可以的，或更確切地說，在觀象授時方面已經有了一定的經驗。

　　《尚書·堯典》中也記載了古人利用顯著星象於黃昏出現在正南天空來預報季節的方法，這就是著名的「四仲中星」。即認識四個時節，對一年的節氣進行準確的劃分，並將其運用到社會生產當中。

　　可見，至遲在商末周初人們利用星象預報季節已經有相當把握了。

　　在干支紀日方面，夏代已經有天干紀日法，即用甲、乙、丙、丁、戊、己、庚、辛、壬、癸十天干周而復始地紀日。

　　商代在夏代天干紀日的基礎上，發展為干支紀日，即將甲、乙、丙、丁等十天干和子、丑、寅、卯等十二地支順序配對，組成甲子、乙丑、丙寅、丁卯等六十干支，六十日一週期循環使用。

　　學者們對商代曆法較為一致的看法是：商代使用干支紀日、數字紀月；月有大小之分，大月三十日，小月二十九日；有閏月，也有連大月；閏月置於年終，稱為「十三月」；季節和月分有較為固定的關係。

　　周代在繼承和發展商代觀象授時成果的基礎上，將制定曆法的工作推進了一步。周代已經發明了用土圭測日影來確定冬至和夏至等重

要節氣的方法，這樣再加上推算，就可以將回歸年的長度定得更準確了。

周代的天文學家已經掌握了推算日月全朔的方法，並能夠定出朔日，這可以從反映周代乃至周代以前資料的《詩經》中得到證實。

該書的《小雅・十月之交》記載：

十月之交，朔月辛卯，日有食之。

「朔月」兩字在中國典籍中這是首次出現，也是中國第一次明確地記載西元前七七六年的一次日食。

至春秋末至戰國時代，已經定出回歸年長為三百六十五日，並發現了十九年設置七個閏月的方法。在這些成果的基礎上，誕生了具有歷史意義的科學曆法「四分曆」。戰國時期至漢代初期，普遍實行四分曆。

四分曆的創製和運用，標誌著中國曆法已經進入了相當成熟的時期。它不僅集中體現了中國古人的聰明才智和天文曆法水準，而且在世界範圍內具有非常寶貴的價值。

對四分曆的第一次改革，當屬西漢武帝時期由鄧平、落下閎等人提出的「八十一分律曆」。由於漢武帝下令造新曆是在元封七年，也就是西元前一○四年，故把元封七年改為太初元年，並規定以十二月底為太初元年終，以後每年都從孟春正月開始，至十二月年終。

這部曆即叫《太初曆》。這部曆法朔望長為二十九日，故稱「八十一分法」，或「八十一分律曆」。

《太初曆》是中國有完整資料的第一部傳世曆法，與四分曆相比其進步之處有：

以正月為歲首，將中國獨創的二十四節氣分配於十二個月中，並以沒有中氣的月分為閏月，從而使月分與季節配合得更合理。

行星的會合週期測得較準確，如水星為一百一十五點八七日，比現在測量值一百一十五點八八日僅小零點零一日。

採用一百三十五個月的交食週期，即一食年為三百四十六點六六日，比今測值只差零點零四日。

東漢末年，天文學家劉洪編製的《乾象曆》，首次將回歸年的尾數降為三百六十五點二四六二日；第一次將月球運行有快、慢變化引入曆法，成為第一部載有定朔算法的曆法。

這部曆法還給出了黃道和白道的交角數值為六度左右，並且由此推斷，只有月球距黃、白道交點在十五度以內時，才有可能發生日食，這實際上提出了「食限」的概念。

南北朝時期，天文學家祖沖之首次將東晉虞喜發現的歲差引用到他編製的《大明曆》中，並且定出了四十五年十一個月差一度的歲差值。這個數值雖然偏大，但首創之業績是偉大的。

祖沖之測定的交點月長為二十七點二一二二三日，與今測值僅差十萬分之一。

至隋代，天文學家劉焯在編製《皇極曆》時，採用的歲差值較為精確，是七十五年差一度。劉焯制定的《皇極曆》還考慮了太陽和月亮運行的不均勻性，為推得朔的準確時刻，他創立了等間距的二次差內插法的公式。

這一創造，不僅在古代製曆史上有重要意義，在中國數學史上也占重要地位。

　　唐代值得介紹的曆法有《大衍曆》和《宣明曆》。

　　唐代天文學家一行在大規模天體測量的基礎上，於西元七二七年撰成《大衍曆》的初稿，一行去世後，由張說和陳玄景等人整理成書。

　　《大衍曆》用定氣編製太陽運動表，一行為完成這項計算，發明了不等間二次差內插法。《大衍曆》還用了具有正弦函數性質的表格和含有三次差的近似內插法，來處理行星運動的不均性問題。

　　《大衍曆》以其革新號稱「唐曆之冠」，又以其條理清楚而成為後代曆法的典範。

　　唐代司天官徐昂所編製的《宣明曆》頒發實行於西元八二二年，是繼《大衍曆》之後，唐代的又一部優良曆法。

　　它給出的近點月以及交點月日數，分別為二十七點五五四五五日和二十七點二一二二日；它尤以提出日食「三差」，即時差、氣差、刻差而著稱，這就提高了推算日食的準確度。

　　宋代在三百餘年內頒發過十八種曆法，其中以南宋天文學家楊忠輔編製的《統天曆》最優。

　　《統天曆》取回歸年長為三百六十五點二四二五日，是當時世界上最精密的數值。《統天曆》還指出了回歸年的長度在逐漸變化，其數值是古大今小。

　　宋代最富有革新的曆法，莫過於北宋時期著名的科學家沈括提出的「十二氣曆」。

　　中國歷代頒發的曆法，均將十二個月分配於春、夏、秋、冬四季，每季三個月，如遇閏月，所含閏月之季即四個月；而天文學上又以立

春、立夏、立秋、立冬四個節令，作為春、夏、秋、冬四季的開始。所以，這兩者之間的矛盾在曆法上難以統一。

針對這一弊端，沈括提出了以「十二氣」為一年的曆法，後世稱它為《十二氣曆》。它是一種陽曆，它既與實際星象和季節相合，又能更簡便地服務於生產活動之中，可惜，由於傳統習慣勢力太大而未能頒發實行。

中國古代曆法，歷經各代製曆家的改革，至元代天文學家郭守敬、王恂等人編製的《授時曆》達到了高峰。

郭守敬、王恂等人在編製《授時曆》過程中，既總結、借鑑了前人的經驗，又研製了大批觀天儀器。

在此基礎上，郭守敬主持並參加了全國規模的天文觀測，他在全國建立了二十七個觀測點，在當時叫「四海測驗」，其分布範圍是空前的。這些地點的觀測成果為制定優良的《授時曆》奠定了基礎。

《授時曆》創新之處頗多，如廢棄了沿用已久的上元積年；取消了用分數表示天文數據尾數的舊方法；創三次差內插法求取太陽每日在黃道上的視運行速度和月球每日繞地球的運轉速度；用類似於球面三角的弧矢割圓術，由太陽的黃經求其赤經、赤緯，推算白赤交角等。

《授時曆》於西元一二八〇年製成，次年正式頒發實行，一直沿用至西元一六四四年，長達三百六十多年，足見《授時曆》的精密。

崇禎皇帝接受禮部建議，授權徐光啟組織曆局，修訂曆法。

徐光啟除選用中國製曆家之外，還聘用了耶穌會士鄧玉函、羅雅谷、湯若望等人來曆局工作。歷經五年的努力，撰成四十六種一百三十七卷的《崇禎曆書》。

該曆書引進了歐洲天文學知識、計算方法和度量單位等，例如採用了第谷的宇宙體系和幾何學的計算體系；引入了圓形地球、地理經度和地理緯度的明確概念。

引入了球面和平面的三角學的準確公式；採用歐洲通用的度量單位，分圓周為三百六十度，分一日為九十六刻，二十四小時，度、時以下六十進位制等。

徐光啟的編曆，不僅是中國古代製曆的一次大改革，也為中國天文學由古代向現代發展，奠定了一定的理論和思想基礎。

《崇禎曆書》撰完後，清代初期的義大利耶穌會傳教士、被雍正朝封為「光祿大夫」的湯若望，將《崇禎曆書》刪改為一百零三卷，更名為《西洋新法曆書》，連同他編撰的新曆本一起上呈清朝朝廷，得到頒發實行。

清代初期新曆原來定名為《時憲書》。《時憲書》成為了當時欽天監官生學習新法的基本著作和推算民用曆書的理論依據，在清代初期前後行用了八十餘年。

閱讀連結

相傳，在很久以前，有個名字叫萬年的青年。有一天他坐在樹蔭下休息，地上樹影的移動啟發了他，他便設計出一個測日影計天時的晷儀。但當天陰時，就會因為沒有太陽，而影響了測量。

後來是山崖上的滴泉引起了他的興趣，他又動手做了一個五層漏壺。天長日久，他發現每隔三百六十多天，天時的長短就會重複一遍。

後來萬年費幾十年之功為國君創製出了準確的太陽曆。國君為紀念萬年的功績，便將太陽曆命名為「萬年曆」，封萬年為日月壽星。

▋完整曆法《太初曆》

■碑刻上的曆法

《太初曆》是漢代實施的曆法。它是中國古代歷史上第一部完整統一，而且有明確文字記載的曆法，在天文學發展歷史上具有劃時代的意義。漢成帝末年，由劉歆重編後改稱「三統曆」。

《太初曆》以正月為歲首，以沒有中氣的月分為閏月，使月分與季節配合得更合理；首次記錄了五星運行的週期。它還把二十四節氣第一次收入曆法，這對於農業生產起了重要的指導作用。

漢代初年沿用秦朝的曆法《顓頊曆》，以農曆的十月為一年之始，隨著農業生產的發展，漸覺這種政治年度和人們習慣通用的春夏秋冬不合。

古時改朝換代，新王朝常常重定正朔。

天文回望：天文歷史與天文科技

天地法則 曆法編訂

西元前一〇四年，司馬遷和太中大夫公孫卿、壺遂等上書，提出廢舊曆改新的建議。

司馬遷提出三點理由：《顓頊曆》在當時是進步的，現在卻不能滿足時代的要求了；《顓頊曆》所採用的正朔、服色，不見得對，是不能適應漢代的政治需要的；用《顓頊曆》計算出來的朔晦弦望和實際天象許多已不符合了。因此建議改為「正朔」。

在這三條理由中，漢武帝認為第二條理由即政治上的需要是最為重要的。

改曆的目的就是藉以說明漢王朝的政權是「受命於天」的。漢武帝不是單純地把它看作科學上的技術問題，而是關係到鞏固政權的大事。

司馬遷等人的建議，促成了中國曆法的大轉折。漢武帝徵求了御史大夫倪寬的意見之後，詔令司馬遷等議造漢曆，開始了在全國統一曆法的工作。於是，一場專家和人民合作改革曆法的行動開始展開。

漢武帝徵募民間天文學家二十餘人參加，包括曆官鄧平、酒泉郡侯宜君、方士唐都和巴郡的天文學家落下閎等人。

中國古代製曆必先測天，堅持曆法的優劣需由天文觀測來判定的原則。當時人們對於天象觀測和天文知識，已經有了很大的進步，這為修改曆法創造了良好的條件。

司馬遷等人算出，西元前一〇四年農曆的十一月初一恰好是甲子日，又恰交冬至節氣，是制定新曆一個難逢的機會。這種測天製曆的做法，對後代曆法的制定產生了十分深遠的影響。

接著，他們又從製造儀器，進行實測、計算，到審核比較，最後一致認為，在大家準備的十八分曆法方案中，鄧平等人所造的八十一分律曆，尤為精密。

　　在司馬遷的推薦下，漢武帝識金明裁，便詔令司馬遷用鄧平所造八十一分律曆，罷去其他與此相疏遠的十七家。並將元封七年改為太初元年，規定以十二月底為太初元年終，以後每年都從孟春正月開始，至季冬十二月年終。

　　新曆制定後，漢武帝在明堂舉行了盛大的頒曆典禮，並改年號元封七年，也就是西元前一一六年為太初元年，故稱新曆為《太初曆》。

　　《太初曆》的頒行實施，既是一件國家大事，也是司馬遷人生旅程中值得紀念的一座里程碑。司馬遷的貢獻是不可磨滅的。

　　從改曆的過程我們可以看到，當時朝野兩方對天文學有較深研究者，可謂人才濟濟。特別是民間天文學家數量之多，說明在社會上對天文學的研究受到廣泛重視，有著雄厚的基礎。

　　《太初曆》的原著早已失傳。西漢末年，劉歆把鄧平的八十一分法作了系統的敘述，又補充了很多原來簡略的天文知識和上古以來天文文獻的考證，寫成了《三統曆譜》。它被收在《漢書‧律曆志》裡，一直流傳至今。

　　如果說《太初曆》以改元而得名，那麼《三統曆譜》則以統和紀為基本。統是推算日月的躔離，即推算日月運行所經歷的距離遠近；紀是推算五星的見伏，即推算五星的顯現和隱沒。

　　統和紀又各有母和術的區別，母是講立法的原則，術是講推算的方法。所以有統母、紀母、統術、紀術的名稱；還有歲術，是以推算

歲星即木星的位置來紀年；其他有五步，是實測五星來驗證立法的正確性如何。

此外，還有「世經」，主要是考研古代的年，來證明它的方法是否有所依據。這些就是《三統曆譜》的第七節。

這部曆法是中國古代流傳下來的一部完整的天文著作。它的內容有造曆的理論，有節氣、朔望、月食及五星等的常數和運算推步方法。

還有基本恆星的距離，可以說含有現代天文年曆的基本內容，因而《三統曆譜》被認為是世界上最早的天文年曆的雛形。

從《太初曆》至《三統曆譜》，其在曆法方面的主要進展是多方面的。

《太初曆》的科學成就，首先在於曆法計算上的精密準確。《太初曆》以實測曆元為曆算的起始點，定元封七年十一月甲子朔旦冬至夜半為曆元，其實測精度比較高，如冬至時刻與理論值之差僅零點二四日。

《太初曆》的科學成就，又在於第一次計算了日月食發生的週期。交食週期是指原先相繼出現的日月交食又一次相繼出現的時間間隔。食年是指太陽相繼兩次通過同一個黃白交點的時間間隔。

《太初曆》的科學成就，還在於精確計算了行星會合的週期，正確地建立了五星會合週期和五星恆星週期之間的數量關係。

在五星會合週期的測定和五星動態表編製的基礎上，《太初曆》第一次明確規定了預推五星位置的方法：已知自曆元到所求時日的時距，減去五星會合週期的若干整數倍，得一餘數。

以此餘數為引數，由動態表用一次內插法求得這時五星與太陽的赤道度距，即可知五星位置。

這一方法的出現，標誌著人們對五星運動研究的重大飛躍。這一方法繼續應用到隋代都沒有什麼大的變動。

《太初曆》的科學成就，還在於適應農時的需要。司馬遷等人編製《太初曆》時，將有違農時的地方加以改革，把過去的十月為歲首改為以正月為歲首。

又在沿用十九年七閏法的同時，把閏月規定在一年二十四節氣中間無中氣的月分，使曆書與季節月分比較適應。這樣春生夏長，秋收冬藏，四季順暢了。二十四節氣的日期，也與農時照應。

總之，《太初曆》的制定，是中國曆法史上具有重要意義的一次曆法大改革，是中華文明在世界天文學上的不朽貢獻。

閱讀連結

西漢建國之初，嫺習曆法的丞相張蒼建議繼承秦的《顓頊曆》。當時有個儒生公孫臣上書提出，大漢國運屬於土德，與秦不同，當有黃龍出現時，當改正朔，易服色。張蒼批判他的謬論，把這主張壓下去了。

後來傳說黃龍果然在甘肅出現。消息傳到宮中，漢文帝責問張蒼，並召見公孫臣，命他為博士。張蒼因此告病罷歸。

後來太史令司馬遷等把這問題重又提到日程上來，拉開了改曆的序幕，並最後完成了中國歷史上第一部完整的曆法《太初曆》。

▉曆法體系里程碑《乾象曆》

■東漢有關天象的瓦當

《乾象曆》是三國時期東吳實施的曆法。東漢末期劉洪撰。

劉洪的天文曆法成就大都記錄在《乾象曆》中，他的貢獻是多方面的，其中對月亮運動和交食的研究成果最為突出。

劉洪的《乾象曆》創新頗多，不但使傳統曆法面貌為之一新，而且對後世曆法產生了巨大影響。

至此，中國古代曆法體系最後形成。劉洪作為劃時代的天文學家而名垂青史。

劉洪是漢光武帝劉秀的侄子魯王劉興的後代，自幼得到了良好的教育。青年時期曾任校尉之職，對天文曆法有特殊的興趣。

後被調到執掌天時、星曆的機構任職，為太史部郎中。在此後的十餘年中，他積極從事天文觀測與研究工作，這對劉洪後來在天文曆法方面的造詣奠定了堅實的基礎。

在劉洪以前，人們對於朔望月和回歸年長度值已經進行了長期的測算工作，取得過較好的數據。

至東漢初期，天文學界十分活躍，關於天文曆法的論爭接連不斷，在月亮運動、交食週期、冬至太陽所在宿度、曆元等一系列問題上，展開了廣泛深入的探索，孕育著一場新的突破。

劉洪十分積極而且審慎地參加當時天文曆法界的有關論爭，有時他是作為參與論爭的一方，有時則是論爭的評判者，無論以何種身分出現，他都取公正和實事求是的態度。

經過潛心思索，劉洪發現，依據前人所取用的這兩個數值推得的朔望以及節氣的平均時刻，長期以來普遍存在滯後於實際的朔望等時刻的現象。

劉洪給出了獨特的定量描述的方法，大膽地提出前人所取用的朔望月和回歸年長度值均偏大的正確結論，給上述問題以合理解釋。

由於劉洪是在朔望月長度和回歸年長度兩個數據的精度長期處於停滯徘徊狀態的背景下，提出他的新數據，所以不但具有提高準確度的科學意義，而且還含有突破傳統觀念的束縛，打破僵局，為後世研究的進展開拓了道路。

在此基礎上，劉洪進一步建立了計算近點月長度的公式，並明確給出了具體的數值。中國古代的近點月概念和它的長度的計算方法從此得以確立，這是劉洪關於月亮運動研究的一大貢獻。

天地法則 曆法編訂

　　劉洪每日昏旦觀測月亮相對於恆星背景的位置，在長期觀測取得大量第一手資料之後，他進而推算出月亮從近地點開始在一個近點月內每日實際行度值。

　　由此，劉洪給出了月亮每天實行度、相鄰兩天月亮實行度之差、每日月亮實際行度與平均行度之差和該差數的累積值等的數據表格。

　　這是中國古代第一分月亮運動不均勻性改正數值表即月離表。

　　月離表具有重要價值。欲求任一時刻月亮相對於平均運動的改正值，可依此表用一次差內插法加以計算。這是一種獨特的月亮運動不均勻性改正的定量表述法和計算法，後世莫不遵從之。

　　劉洪經過二十多年的潛心觀測和研究，取得了豐富的科學研究成果。而這些創新被充分地體現在他於西元二〇六年最後完成的《乾象曆》中。

　　《乾象曆》的完成，是中國曆法史上的一次突破性進步，奠定了中國「月球運動」學說的基礎。

　　歸納起來，劉洪及其《乾象曆》在如下幾個方面取得了重大的進展：

　　一是給出了回歸年長度值的最新數據。劉洪發現以往各曆法的回歸年長度值均偏大，在《乾象曆》中，他定出了三百六十五點二四六八日的新值，較為準確。

　　這一回歸年長度新值的提出，結束了回歸年長度測定精度長期徘徊甚至倒退的局面，並開拓了後世該值研究的正確方向。

　　二是在月亮運動研究方面取得重大進展，給出了獨特的定量描述的方法。

劉洪肯定了前人關於月亮運動不均勻性的認識，在重新測算的基礎上，最早明確定出了月亮兩次通過近地點的時距為二十七點五五三四日的數值。

劉洪首創了對月亮運動不均勻進行改正計算的數值表，即月亮過近地點以後每隔一日月亮的實際行度與平均行度之差的數值表。為計算月亮的真實運行度數提供了切實可行的方法，也為中國古代該論題的傳統計算法奠定了基石。

劉洪指出月亮是沿自己特有的軌道運動的，白道與黃道之間的夾角約為六度。這同現今得到的測量結果已比較接近。

他還定出了一個白道離黃道內外度的數值表，據此，可以計算任一時刻月亮距黃道南北的度數。

劉洪闡明了黃道與白道的交點在恆星背景中自東向西退行的新天文概念，並且定出了黃白交點每日退行的具體度數。

三是提出了新的交食週期值。劉洪提出一食年長度為三百四十六點六一五一日。該值比他的前人和同時代人所得值都要準確，其精度在當時世界上也是首屈一指的。

劉洪還提出了食限的概念，指出在合朔或望時，只有當太陽與黃白交點的度距小於十四點三三度時，才可能發生日食或月食現象，這十四點三三度就稱為食限，就是判斷交食是否發生的明確而具體的數值界限。

劉洪創立了具體計算任一時刻月亮距黃白交點的度距和太陽所在位置的方法。這實際上解決了交食食分大小及交食虧起方位等的計算問題，可是《乾象曆》對此並未加闡述。

劉洪發明有「消息術」，這是在計算交食發生時刻，除考慮月亮運動不均勻性的影響外，還慮及交食發生在一年中的不同月分，必須加上不同的改正值的一種特殊方法。這一方法，實際上已經考慮到太陽運動不均勻性對交食影響的問題。

四是在天文數據表的測算編纂方面的貢獻。劉洪還和東漢末的文學家、書法家蔡邕一起，共同完成了二十四節氣太陽所在位置、黃道去極度、日影長度、晝夜時間長度以及昏旦中星的天文數據表的測算編纂工作。該表載於東漢四分曆中，後來它成為中國古代曆法的傳統內容之一。

劉洪提出了一系列天文新數據、新表格、新概念和新計算方法，把中國古代對太陽、月亮運動以及交食等的研究推向一個嶄新的階段。他的《乾象曆》是中國古代曆法體系趨於成熟的一個里程碑。

閱讀連結

三國時期東吳天文學家劉洪是一個堅持原則的人。當時有一批著名的天文學家各據自己的方法預報了西元一七九年可能發生的一次月食，有的說農曆三月，有的說農曆四月，有的說農曆五月當食。

劉洪反對這種推斷，認為這是未經實踐檢驗的。進而，劉洪提出必須以真切可信的交食觀測事實作為判別的權威標準，這一原則為後世曆家所遵循。

用現代月食理論推算，西元一七九年的農曆三、四、五月均不會發生月食，可見當年劉洪的推斷以及他所申述的理由和堅持的原則都是十分正確的。

■曆法系統周密的《大衍曆》

■唐代天文官

　　《大衍曆》是唐代曆法，唐代僧人一行所撰。它繼承了中國古代天文學的優點和長處，對不足之處和缺點做了修正，因此，取得了巨大成就。它對後代曆法的編訂影響很大。

　　《大衍曆》最突出的表現在於它比較正確地掌握了太陽在黃道上運動的速度與變化規律。一行採用了不等間距二次內插法推算出每兩個節氣之間，黃經差相同，而時間距卻不同。

　　唐代是中國古代文化高度發展與繁榮的一個朝代。這不僅體現在政治、經濟上，還體現在自然科學方面。唐代的天文學成就，標誌著中國古代天文曆法體系的成熟。這一時期湧現了不少傑出的天文學家，其中一行的成就最高。

　　一行，俗名張遂。他出生於一個富裕人家，家裡有大量的藏書。他從小刻苦好學，博覽群書。他喜歡觀察思考，尤其對於天象，有時一看就是一個晚上。至於天文、曆法方面的書他更是大量閱讀。

　　日積月累，他在這方面有了很深的造詣，很有成就，成為著名的學者。西元七一二年，唐玄宗即位，得知一行和尚精通天文和數學，就把他召到京都長安，做了朝廷的天文學顧問。

　　唐玄宗請一行進京的主要目的是要他重新編製曆法。因為自漢武帝到唐高宗之間，歷史上先後有過二十五種曆法，但都不精確。

　　唐玄宗就因為唐高宗詔令李淳風所編的《麟德曆》所標的日食總是不準，就詔一行定新曆法。

　　一行在長安生活了十年，使他有機會從事天文學的觀測和曆法改革。自從受詔改曆後，為了獲得精確數據，他就開始了天文儀器製造和組織大規模的天文大地測量工作。

　　一行在修訂曆法的實踐中，為了測量日、月、星辰在其軌道上的位置和運動規律，他與梁令瓚共同製造了觀測天象的「渾天銅儀」和「黃道游儀」。

　　渾天銅儀是在漢代張衡的「渾天儀」的基礎上製造的，上面畫著星宿，儀器用水力運轉，每晝夜運轉一周，與天象相符。另外還裝了兩個木人，一個每刻敲鼓，一個每辰敲鐘，其精密程度超過了張衡的「渾天儀」。

　　黃道游儀的用處，是觀測天象時可以直接測量出日、月、星辰在軌道上的坐標位置。一行使用這兩個儀器，有效地進行了對天文學的研究。

在一行以前，天文學家包括像張衡這樣的偉大天文學家都認為恆星是不運動的。但是，一行卻用渾天銅儀、黃道游儀等儀器，重新測定了一百五十多顆恆星的位置，多次測定了二十八宿距天體北極的度數。從而發現恆星在運動。

根據這個事實，一行推斷出天體上的恆星肯定也是移動的。於是推翻了前人的恆星不運動的結論，一行成了世界天文史上發現恆星運動的第一個中國人。

一行是重視實踐的科學家，他使用的科學方法，對他取得的成就有決定作用。

一行和南宮說等人一起，用標竿測量日影，推算出太陽位置與節氣的關係。

一行設計製造了「復矩圖」的天文學儀器，用於測量全國各地北極的高度。他用實地測量計算得出的數據，從而推翻了「王畿千里，影差一寸」的不準確結論。

從西元七二四年至七二五年，一行組織了全國十三個點的大地測量。這次測量以天文學家南宮說等人在河南的工作最為重要。當時南宮說是根據一行製曆的要求進行的這次測量。

一行從南宮說等人測量的數據中，得出了北極高度相差一度，南北距離就相差三百五十一公里八十步的結論。

這實際上是世界上第一次對子午線的長度進行實地測量而得到的結果。如果將這一結果換算成現代的表示方法，就是子午線的每一度為一百二十三點七公里。

　　這次大地測量，無論從規模，還是方法的科學性，以及取得的實際成果，都是前所未有的。英國著名的科學家李約瑟後來高度評價說：「這是科學史上劃時代的創舉。」

　　一行從西元七二五年開始編製新曆至七五七年完成初稿，據《易》象「大衍之數」而取名為《大衍曆》。可惜就在這一年，一行與世長辭了。他的遺著經唐代文學家張說等人整理編次，共五十二卷，稱《開元大衍曆》。

　　從西元七二九年起，根據《大衍曆》編纂成的每年的曆書頒行全國。經過檢驗，《大衍曆》比唐代已有曆法都更精密。

　　一行為編《大衍曆》，進行了大量的天文實測，包括測量地球子午線的長度，並對中外曆法系統進行了深入的研究，在繼承傳統的基礎上，頗多創新。

　　《大衍曆》是一行在全面研究總結古代曆法的基礎上編製出來的。它首先在編製方法上獨具特色。

　　《大衍曆》把過去沒有統一格式的中國曆法歸納成七個部分：「步氣朔」討論如何推算二十四節氣和朔望弦晦的時刻；「步發斂」內容包括七十二侯、六十四卦及置閏法則等；「步日躔」討論如何計算太陽位置；「步月離」討論如何推算月亮位置；「步晷漏」計算表影和晝夜漏刻的長度；「步交會」討論如何計算日月食；「步五星」介紹的是五大行星的位置計算。

　　這七章的編寫方法，具有編次結構合理、邏輯嚴密、體系完整的特點。因此後世曆法大都因之，在明代末期以前一直沿用。可見《大衍曆》在中國曆法上的重要地位。

　　從內容上考察，《大衍曆》也有許多創新之處。

《大衍曆》對太陽視運動不均勻性進行新的描述，糾正了張子信、劉焯以來日躔表的失誤，提出了中國古代第一分從總體規律上符合實際的日躔表。

在利用日躔表進行任一時刻太陽視運動改正值的計算時，一行發明了不等間距二次差內插法，這是對劉焯相應計算法的重要發展。

一行對於五星運動規律進行了新的探索和描述，確立了五星運動近日點的新概念，明確進行了五星近日點黃經的測算工作。

如一行推算出西元七二八年的木、火和土三星的近日點黃經，分別為三百四十五點一度，三百點二度和六十八點三度。這與相應理論值的誤差分別為九點一度、十二點五度和一點六度，此中土星近日點黃經的精度達到了很高的水準。

一行還首先闡明了五星近日點運動的概念，並定出了每年運動的具體數值。

《大衍曆》還首創了九服晷漏、九服食差等的計算法。在新算法中，對於從太陽去極度推求晷影長短，《大衍曆》設計了一套計算方法。根據簡單的三角函數關係由太陽去極度可以方便地得到八尺之表的影長。中國古代天文學家用巧妙的代數學方法解決了這一問題，體現了中國天文學的特色。

《大衍曆》是當時世界上比較先進的曆法。日本曾派留學生吉備真備來中國學習天文學，回國時帶走了《大衍曆經》一卷、《大衍曆主成》十二卷。於是《大衍曆》便在日本廣泛流傳起來，其影響甚大。

閱讀連結

一行在編製《大衍曆》之前，就已經走遍了大半個中國，許多地方都留下過他的遺跡。這其實為他後來編製《大衍曆》獲得了很多第一手材料。

西元七〇五年，一行遊歷到嶺南，喜愛上外海的五馬歸槽山，便在山麓搭起茅庵留了下來。他在此觀察天象，繪製星圖，以種茶度日，因此所居住的草廬名叫「茶庵」。

一行的學識與為人深為外海人所敬仰。明代萬曆年間，人們在這裡建造寺廟，以一行所結的茅廬「茶庵」為名。從此，「茶庵寺」的名字便流傳至今。

■古代最先進曆法《授時曆》

■郭守敬畫像

《授時曆》為元代實施的曆法名，因元世祖忽必烈封賜而得名，原著及史書均稱其為《授時曆經》。

　　《授時曆》沿用四百多年，是中國古代流行時間最長的一部曆法。

　　《授時曆》正式廢除了古代的上元積年，而截取近世任意一年為曆元，打破了古代製曆的習慣，是中國曆法史上的第四次大改革。

　　元朝統一全國後，當時所用的曆法《大明曆》已經誤差很大，元世祖忽必烈決定修改曆法。於是命人置局改曆，開始了中國曆法史上的又一次改革。

　　據《元史》記載，元大都天文台上有郭守敬製作的儀器十三件。

　　據說，為了對它們加以說明，郭守敬奏進儀表式樣時，從上早朝講起，直講到下午，元世祖一直仔細傾聽而沒有絲毫倦意。這個記載反映出郭守敬講解生動，也反映出元世祖的重視和關心。

　　郭守敬又向元世祖列舉唐代一行為編《大衍曆》而進行全國天文測量的史實，提出為編製新曆法，也應該組織一次全國範圍的大規模的天文觀測。

　　元世祖接受了郭守敬的建議，派十多名天文學家到中國各地相關地點進行了幾項重要的天文觀測，歷史上把這項活動稱為「四海測驗」。

　　元代四海測驗不少於二十七個觀測點，分布在南起北緯十五度，北至北緯六十五度，東起東經一百二十八度，西至東經一百零二度的廣大地域。主要進行了日影、北極出地高度即觀察北極星的視線和地平面形成的夾角度數、春分秋分晝夜時刻的測定。

至今猶存的觀測站之一的陽城，就是現在的河南省登封測景台，又稱「元代觀星台」。這裡被古人認為是「地中」。

登封測景台不僅僅是一個觀測站，同時也是一個固定的高表。表頂端就是高台上的橫梁，距地面垂直距離十三公尺。

高台北面正南北橫臥著石砌的圭，石圭俗稱「量天尺」，長達四十公尺。與通常使用的兩公尺高表比較，新的表高為原來表高的六倍還多，減小了測量的相對誤差。

郭守敬敢於在各觀測站都使用十三公尺高表而不怕表高導致的端影模糊，是因為他配合使用了景符，透過景符上的小孔，將表頂端的像清晰地呈現在圭面上。

景符是高表的輔助儀器。它利用微孔成像的原理，使高表橫梁所投虛影成為精確實像，清晰地投射在圭面上，達到了人類測影史的最高精度，領先於同期的世界水準。

這次測量獲得了高精度的原始測量數據，對《授時曆》的編纂貢獻很大。

經過許衡、郭守敬、王恂等天文學家們艱苦奮鬥，精確計算了四年，運用了割圓術來進行黃道坐標和赤道坐標數值之間的換算，以二次內插法解決了由於太陽運行速度不勻造成的曆法不準確問題，終於在西元一二八○年編成了這部歷史上精確、先進的曆法。

元世祖根據古書上「授民以時」的命意，取名為《授時曆》。

王恂是以算術聞名於當時的，元世祖命他負責治曆。他謙稱自己只知推算年時節候的方法，需要找一個深通曆法原理的人來負責，於是他推薦了許衡。

許衡是當時大儒，於易學尤精，接受任命以後十分同意郭守敬製造儀器進行實測。

　　《授時曆》頒行的第二年，許衡病卒，王恂已於前一年去世，這時有關《授時曆》的計算方法、計算用表等尚未定稿，郭守敬又挑起整理著述最後定稿的重擔，成為參與編曆全過程的功臣。

　　《授時曆》是中國古代創製的最精密的曆法。用郭守敬自己的話說，《授時曆》「考正者七事」，「創法者五事」。

　　考正者七事，一是精確地測定了至西元一二八〇年的冬至時刻。

　　二是給出了回歸年長度及歲差常數。即第一年冬至到第二年冬至的時間為三百六十五日二十四刻二十五分。古時一天分為一百刻，即一年為三百六十五點二四二五日；如以小時計，《授時曆》為三百六十五日五時四十九分十二秒。

　　三是測定了冬至日太陽的位置，認為太陽在冬至點速度最高，在夏至點速度最低。

　　四是測定了月亮在近地點時刻。

　　五是測定了冬至前月亮過升交點的時刻。即冬至時月亮離黃白交點的距離，並進一步利用此數據測定了朔望日、近點月和交點月的日數。

　　六是測定了二十八宿距星的度數。

　　七是測定了二十四節氣時元大都日出日沒時刻及晝夜時間長短。

　　創法者五事分別是：一是求出了太陽在黃赤道上的運行速度；二是求出了月亮在白道上的運行速度，即月球每日繞地球運行的速度；

三是從太陽的黃道經度推算出赤道經度；四是從太陽的黃道緯度推算赤道緯度；五是求月道和赤道交點的位置。

《授時曆》採用的天文數據是相當精確的。如郭守敬等重新測定的黃赤交角為古度二十三點九零三度，約折合今度二十三點三三三四度，與理論推算值的誤差僅為一分三十六秒。

法國著名數學家和天文學家拉普拉斯在論述黃赤交角逐漸變小的理論時，曾引用郭守敬的測定值，並給予其高度評價。

《授時曆》中的推算還使用了郭守敬創立的新數學方法。如「招差法」是利用累次積差求太陽、月亮運行速度的。又如「割圓法」是用來計算積度的，類似球面三角方法求弧長的算法。

不僅如此，郭守敬廢棄了用分數表示非整數的做法，採用百進位制來表示小數部分，提高了數值計算的精度。

郭守敬不再花費很大的力氣去計算上元積年，直接採用西元一二八〇年冬至為曆法的曆元，表現了開創新路的革新精神。

所謂「上元積年」，是中國古代編曆的老傳統。「上元」就是在過去的年代裡，一個朔望日的開始時刻和冬至夜半發生在一天；「積年」就是從製曆或頒曆時的冬至夜半上推到所選上元的年數。

曆法家為了找到一個理想的上元，往往牽強湊合。《授時曆》不採用這種方法，而以西元一二八〇年作為推算各項天文數據的起點，這就是近世截元法。這是曆法史上的一項重要貢獻。

在恆星觀測方面，郭守敬等不僅將二十八宿距星的觀測精度提高到一個新的水準，而且對二十八宿中的雜坐諸星，以及前人未命名的無名星進行了一系列觀測，並且編製了星表。

元代二十八宿的測量誤差很小，其中房、虛、室、婁、張五宿的測量誤差小於一分，大於十分的僅胃宿一宿，實在是高水準的測量，也是元代天文儀器精密的客觀記錄。

郭守敬還著有《新測二十八舍雜坐諸星入宿去極》一卷和《新測無名諸星》一卷。清代梅文鼎說曾見過民間遺本，現在北京圖書館藏《天文匯鈔》中的《三垣列舍入宿去極集》一卷，就是抄自郭守敬恆星圖表的抄本，甚為珍貴。

梅文鼎是清初著名的天文學家、數學家，為清代「曆算第一名家」和「開山之祖」。他的《古今曆法通考》一書是中國第一部曆學史。

《授時曆》是中國古代最先進的曆法，代表了元代天文學的高度發展。自頒行後，沿用四百多年，是中國流行最長的一部曆法。

《授時曆》編製不久，即傳播到日本、朝鮮，並被採用。《授時曆》作為中國歷史上一部優秀的、先進的、精確的曆法，在世界天文學史上也占有突出的位置。

閱讀連結

元世祖忽必烈於西元一二七九年三月二十日，命天文學家郭守敬進行地理測量行動，這就是歷史上有名的「四海測驗」。在這次大規模的觀測活動中，測量隊曾在南海設立觀測點，郭守敬親自登陸的南海測點為黃岩島及附近諸島，測量結果在《元史》中有詳細記載。

南海測量創世界紀錄協會世界最早對黃岩島進行地理測量的世界紀錄。由此，中國成為世界上最早對南海黃岩島及附近諸島進行地理測量的國家。

▌中西結合的《崇禎曆書》

■明代的外國科學家

《崇禎曆書》是明代崇禎年間為改革曆法而編的一部叢書。從西元一六二九年九月成立曆局開始編撰，至西元一六三四年十一月全書完成。

全書主編徐光啟，後由李天經主持。參加編製的有日耳曼人湯若望、葡萄牙人羅雅谷、瑞士人鄧玉函、義大利人龍華民等。

《崇禎曆書》從多方面引進了歐洲的古典天文學知識。此曆法在清代被改為《時憲曆》，在清代初期前後行用了八十餘年。

明代初期使用的曆書是元代郭守敬等人編製的《授時曆》，在明代立國後更名為《大統曆》沿用，至明崇禎年間，這部曆書已施行了三百四十八年之久，誤差也逐漸增大。

明代初期以來，據《大統曆》推算所作的天象預報，就已多次不準。

西元一六二九年六月二十一日日食，欽天監的預報又發生顯著錯誤，而禮部侍郎徐光啟依據歐洲天文學方法所作的預報卻符合天象，因而崇禎帝對欽天監進行了嚴厲的批評。徐光啟等因勢提出改曆，遂得到批准。

同年七月，禮部在宣武門內的首善書院開設曆局，由徐光啟督修曆法。

徐光啟深知，西方天文學的許多內容是中國古所未聞的，所以改曆時應該吸取西學，與中國傳統學說參互考訂，中西會同歸一，使曆法的編訂更加完善。於是，他制訂了一個以西法為基礎的改曆方案。

在編纂過程中，曆局聘請來日耳曼人湯若望、葡萄牙人羅雅谷、瑞士人鄧玉函、義大利人龍華民等參與曆法編訂工作。

這些西方耶穌會傳教士參與中國曆法編訂，給渴望天文新知識的中國天文工作者帶來了歐洲天文學知識，開始了中國天文學發展的一個特殊階段，即在傳統天文學框架內，搭入歐洲天文知識構件。

在徐光啟的領導下，曆局從翻譯西方天文學資料起步，力圖系統地和全面地引進西方天文學的成就。西方學者與曆局的中國天文學家一道譯書，共同編譯或節譯了哥白尼、第谷、伽利略、開普勒等歐洲著名天文學家的著作。這是曆局的中心工作。

曆法編纂工作從西元一六二九年至一六三四年，歷經六年，完成了卷帙浩繁的《崇禎曆書》。徐光啟於西元一六三三年去世，經他定稿的有一百零五卷，其餘三十二卷最後審定人為曆法家李天經。

　　《崇禎曆書》貫徹了徐光啟以西法為基礎的設想，基本上納入了「熔彼方之材質，入大統之型模」的規範。是較全面介紹歐洲古典天文學的重要著作。

　　《崇禎曆書》採用的是丹麥天文學家第谷所創立的宇宙體系和幾何學的計算方法。第谷體系是介於哥白尼的日心體系和托勒密的地心體系之間的一種調和性體系。

　　曆書中引入了清晰的地球概念和地理經緯度概念，以及球面天文學、視差、大氣折射等重要天文概念和有關的改正計算方法。它還採用了一些西方通行的度量單位，如一周天分為三百六十度；一晝夜分為九十六刻二十四小時；度、時以下採用六十進位制等。

　　從內容上看，《崇禎曆書》全書共四十六種，一百三十七卷，分「基本五目」和「節次六目」。

　　基本五目分別為法原、法數、法算、法器和會通。這部分以講述天文學基礎理論法原所占篇幅最大，有四十卷之多，約占全書篇幅的三分之一。

　　此外，法數為天文用表，法算為天文計算必備的平面、球面三角學、幾何學等數學知識，法器為天文儀器及使用方法，會通為中西度量單位換算表。

　　節次六目是根據這些理論推算得到的天文表，分別為日躔、恆星、月離、日月交合、五緯星和五星凌犯。如推算出太陽視運動的度次，記載恆星在天球上的位置以及其他參數，月球運行的度次，日月交合時間，金木水火土星五星出入黃道的情況。

　　儘管當時哥白尼體系在理論上、實測上都還不很成功，但《崇禎曆書》對哥白尼的學說做了介紹並大量引用哥白尼在《天體運行論》

中的章節，還認為哥白尼是歐洲歷史上除了伽利略、開普勒之外最偉大的天文學家之一。

事實上，《崇禎曆書》在西元一六三四年編完之後並沒有立即頒行。新曆的優劣之爭一直持續了十年。在《明史・曆志》中記錄了發生過的八次中西天文學的較量，包括日食、月食，以及木星、水星、火星的運動。

最後崇禎帝在西元一六四三年八月下定頒布新曆的決心，但頒行《崇禎曆書》的命令還沒有實施，明王朝就已滅亡。此後，則由留在北京城中的湯若望刪改《崇禎曆書》至一百零三卷，並且由清順治皇帝將其更名為《西洋新法曆書》。

其中一百卷本《西洋新法曆書》被收入《四庫全書》，但因避乾隆弘曆諱，易名為《西洋新法算書》，並且根據它的數據編製曆書，叫《時憲曆》。近代所用的舊曆就是《時憲曆》，通常叫「夏曆」或「農曆」。總的來說，《崇禎曆書》是漢化西方天文學的產物，明代天文學發展所取得的偉大成就。

閱讀連結

徐光啟是明代著名科學家。他曾經與義大利耶穌會士利瑪竇合作將《幾何原本》前六卷譯成漢文。這是傳教士進入中國後翻譯的第一部科學著作。西方早期天文學關於行星運動的討論多以幾何為工具，《幾何原本》的傳入對學習瞭解西方天文學是十分重要的。

徐光啟在評論《幾何原本》時說過：「讀《幾何原本》的好處在於能去掉浮誇之氣，練就深思的習慣，會按一定的法則，培養巧妙的思考。所以全世界人人都要學習幾何。」

測天之術 天文儀器

　　天文儀器的研製是天文學發展的基礎，中國歷代天文學家都很重視，在這一方面花了不少工夫。創製出了表和圭、漏和刻、渾儀和簡儀、渾象，以及功能非凡的候風地動儀和大型綜合儀器水運儀象台，能測日影、計時間、測天體、演天象、測地震。

　　此外還有綜合型的，集測時、守時、報時、展示於一體，顯示了中國古代天文儀器的多樣性。

　　中國古代天文儀器種類多、製作精、構思巧、用途廣、裝飾美、規模大，在世界天文儀器發展史上具有重要地位。

▌測量日影儀器表和圭

■圭表模型

古代天文學家為了測定天體的方位、距離和運動，設計製造了許多天體測量的儀器。透過獲得這些儀器測定的數據，來為各種實用的和科學的目的服務。

中國古代天體測量方面的成就是極其輝煌的。在諸多天體測量儀器中，表和圭透過測定正午的日影長度以定節令，定回歸年或陽曆年。還可以用來在曆書中排出未來的陽曆年以及二十四個節令的日期，作為指導農事活動的重要依據。

表就是直立在地上的一根竿子，是最早用來協助肉眼觀天測天的儀器。圭是用來量度太陽照射表時所投影子長短的尺子。兩者結合在

一起用時，遂稱為「圭表」。從史料記載和發展規律來看，表的出現先於圭。

甲骨文中有關「立中」的卜辭，是關於殷人進行的一種祭祀儀式，是在一塊方形或圓形平地的中央標誌點上立一根附有下垂物的竿子，附下垂物的作用在於保證竿子的直立。

殷時期的人們在四月或八月的某些特定的日子而進行這種「立中」的儀式，其目的在於透過表影的觀測求方位、知時節。表明當時的人們已知立表測影的方法了。

事實上，在殷商之前，由於太陽的出沒伴隨著晝夜的交替，從原始社會起，人們就知道判別方向應和太陽升落有關。

早在新石器時期的墓葬群中，考古學家已發現其墓主人的頭部都朝著一定的方向：陝西省西安半坡村朝西，山東省大汶口朝東，河南省青蓮崗各期朝東，或東偏北、東偏南。這顯然同日月的升落有關。

殷商時用表測日影的旁證還有甲骨文中表示一天之內不同時刻的字。這些字都同「日」字有關，如朝、暮、旦、明、昃、中日、昏等，其中「中日」與「昃」更是明確表示日影的正和斜，是看日影所得出的結論。

這一點同時也說明了表的一個用途，即利用表影方位的變化確定一天內的時間，這便是後代製成日晷的原理。也就是說，日晷還是在表的基礎上發展起來的。

關於圭的出現，詳細記錄有圭表測量的書是戰國至西漢時的《周禮》、《周髀算經》、《淮南子》等，因而一般人多認為圭的出現要在春秋戰國時期。

　　東漢文字學家許慎《說文解字》認為，圭是做成上圓下方的美玉，公侯伯子男所執之圭有九吋、七吋、五吋之不同。因而圭的長短就是各人身分的標誌，換句話說，圭就是度量身分的尺子。

　　按《周髀算經》提供的數據，一般用六尺之表，則夏至時日影最短為一點五尺，正好是圭之長。

　　「土圭」和「土圭之法」是從「表」發展至「圭表」之間的一個過渡。最初是用一根活動的尺子去量度表影，以後才發展成將圭固定於表底，並延長其長度，使一年中任一天都可以方便地在圭面上讀出影長，這才是圭表。

　　目前所見的圭表實物最早當推西元一九六五年在江蘇省儀徵市東漢墓中出土的銅圭表。表身可折疊存放於圭上專門刻製的槽內，圭上的刻度和銅表的高度均為漢制縮小十倍的尺寸。圭表作為隨葬品埋入墓內，說明東漢時期圭表已很普及了。

　　從表發展成圭表是一個進步，是人們對立表測影要求精確化和數量化的體現。

　　在一塊方形或圓形平地的中央直立一表，可以根據日出和日入的表影方向定出東西南北，也可以根據一天之內表影方向的變化確定出一日內的時刻。而這些也恰恰是制定曆法所必需的。

　　在《周髀算經》一書中。還敘述了利用一根定表和一根游表測天體之間角距離的方法：

　　在一平地上先畫一圓，立定表於圓心，另立一游表於正南方，當女宿距星南中天時，迅速將正南方之游表向西沿圓周移動，使透過定表和游表可見牛宿距星，這時量度游表在圓周上移動的距離，化成周天度就是牛宿的距度，也就是牛宿距星和女宿距星間的角度。

表，這一最簡單最早出現的儀器，後來得到了很大的發展和改進。

為了使表影清晰，將表頂做成尖狀的劈形或加一副表，與主表之影重合；為了提高表影測量精度，既加高表身，又發明相應的設備景符；為了測定時間，製成日晷，有赤道式的也有地平式的；為了使表不僅能觀測日影，使既能觀月，也能觀星，又發明了窺幾等。

總之，表和圭在中國古代天文學的發展中起了相當大的作用，是一類重要的古代天文儀器。即使在現在，它的定方向、定時刻的功能有時還會給人們以幫助。

閱讀連結

祖沖之是南北朝時期傑出的數學家，科學家。他除了在數學方面頗有建樹外，在天文方面也頗多貢獻。

比如他區分了回歸年和恆星年，首次把歲差引進曆法，給出了更精確的五星會合週期等。在這之中，還發明了用圭表測量冬至前後若干天的正午太陽影長以定冬至時刻的方法。這個方法也為後世長期採用。

為了紀念這位偉大的古代科學家，人們將月球背面的一座環形山命名為「祖沖之環形山」，將小行星一八八八命名為「祖沖之小行星」。

▌古代計時儀器漏和刻

■古代計時工具刻

漏和刻是中國古代一種計量時間的儀器，是古人發明的諸多計時工具中最有代表性的儀器，充分體現了中國古代人民的智慧。

漏是指帶孔的壺，刻是指附有刻度的浮箭。有洩水型和受水型兩種。早期多為洩水型漏刻，水從漏壺孔流出，漏壺中的浮箭隨水面下降，浮箭上的刻度指示時間。

受水型漏刻的浮箭在受水壺中，隨水面上升指示時間，為了得到均勻水流可置多級受水壺。

漏是漏水的壺，借助水的漏出以計量時間的流逝，是守時儀器。刻是帶有刻度的標尺，與漏壺配合使用，隨壺水的漏出不斷反映不同的時刻，屬於報時儀器。從文獻史料和邏輯推理來看，漏的出現當早於刻。

漏壺的起源應是相當早的。原始氏族公社時期就能製造精美的陶器，總會出現破損漏水的情況，而漏水的多少與所經時間有關，這就是用漏壺來計時的實踐基礎。人們從漏水的壺發展到專門製造有孔的漏壺，這一儀器就誕生了。

據史書所記載，漏刻之作開始於軒轅之時，在夏商時期有了很大發展。

軒轅黃帝是傳說中的人物，漏壺為他所創不盡可信，但說在夏商時代有了很大發展還可考慮。

殷商時期已知立桿測影，判方向、知時刻，因而漏和刻的發明不會晚於商代。

在先秦典籍中，見到有關漏的記述，在漢代以後文獻中已經見有刻和漏刻的描寫。

最原始的漏壺是沒有節制水流措施的，而只是讓其自漏，從滿壺漏至空，再加滿水接著漏。顯然滿壺和淺壺漏水的速度不同，但一壺水從滿漏至空都是大致等時的。如內蒙古自治區杭錦旗西元一九七六年出土的西漢漏壺每次漏空大約十分鐘，因而計量時間可用漏了多少壺來表示。

為了不間斷地添水行漏，計數漏了多少壺，需要有人日夜守候，這也許就是《周禮·夏官司馬》中提到「挈壺氏」的原因。書中說夏官司馬所屬有挈壺氏，設下士六人及史二人，徒十二人。

有軍事行動時，掌懸掛兩壺、罍、畚物。兩壺，一為水壺，懸水壺以示水井位置；一為滴水計時的漏，命各擊柝之人能按時更換。

如此眾多的人員守候一個漏壺顯然是很大的負擔，人們必然會產生節制漏水速度的要求，或在壺內壁出水口處墊以雲母片，或在漏水孔中塞以絲織物等，使漏水緩慢而又不斷，這樣每一壺水漏出的時間長了，就減輕了不斷添水的負擔。

由於不能以漏多少壺來計時，而要隨時注意漏壺裡的水漏掉多少，這就是刻產生的基礎。最初可能是在壺內壁上刻畫。

後來為了便於讀數，就放一支箭在壺裡，在箭桿上劃刻度，看水退到什麼刻度就知道時間了。

由於漏水速度的減慢，改用刻來作為計量時間的單位，壺水的滿淺影響漏水速率的問題就顯得突出起來。

可以說，中國漏刻技術幾千年的發展史就是克服漏水不均勻、提高計時精度的奮鬥過程。其間也有箭舟的創造，沉箭式和浮箭式的使用，以及稱漏的發明等巧妙的設計。

箭舟是浮在漏壺裡的小舟，載刻箭能夠上浮；沉箭式是指隨著水的漏出，壺裡水面下降，箭舟載刻箭下沉而讀數；浮箭式是指另用一不漏水的箭壺積存漏出的水，水越積越多，水面升高，箭舟載刻箭浮起而讀數；稱漏是稱漏出之水的重量來計時。

它們都屬於報時和顯示時間的裝置，其報時的準確程度均受到漏水是否均勻的影響。

為了克服壺裡水位的滿淺影響漏水的速率這一問題，最初想到的當然是不斷添水以保持壺裡水位的基本穩定，這樣沉箭式就不能使用，必然出現浮箭式。

不斷添水這一工作又是件麻煩的事，因而就出現了多級漏壺，用上一級漏壺漏出的水來補充下一級漏壺的水位，使其保持基本穩定。顯然，這樣的補償壺越多，最下面一個漏壺的水位就越是穩定。

　　東漢時期張衡做的漏水轉渾天儀裡用的是二級漏壺，晉代的記載中有三級漏壺，唐代的制度是四級漏壺。從理論上來說還可以再加，但實際上是不可能無限制地增加補償漏壺的數量的，因此保持水位穩定這一問題並未徹底解決。

　　宋代科學家燕肅邁出了關鍵性的一步，他拋棄了增加補償漏壺這一老路，採用漫流式的平水壺解決了歷史上長久未克服的水位穩定問題。這一發明在他製造的蓮花漏中第一次使用。

　　蓮花漏只用兩個壺，叫「上匱」和「下匱」，其下匱開有兩孔，一在上，一在下，下孔漏水入箭壺，以浮箭讀數，而從上孔漏出的水經竹注筒入減水盎。

　　只要從上匱來的水略多於下匱漏入箭壺的水，下匱的水位就會不斷升高，當要高於孔時，多餘的水必然經上孔流出，使下匱的水位永遠穩定在上孔的位置上，這就起了平定水位的作用，使下匱漏出的水保持穩定。

　　蓮花漏的發明和使用，是漏壺發展史上的重大成就。自宋代以後，蓮花漏廣泛應用於漏壺中，甚至發展成二級平水壺，使穩定性更加提高。

　　在解決水位穩定的漫長歲月中，對其他影響漏水精度的問題做出了許多改進。

　　其中有保持水溫、克服溫度變化影響水流的順澀；採用玉做漏水管，克服銅管久用鏽蝕的問題；渴烏即虹吸管的使用，克服了漏孔製

造的困難；用潔淨泉水，克服水質影響流速；採用控制漏水裝置「權」，調節流水速度等。這些無疑也是中國漏壺發展史上的成就。

由於歷代科學家的不懈努力，漏壺技術得到了很大發展。對於漏壺精度，中國古代很早就知道用測日影和觀測恆星的方法同漏刻作比對，以校準漏刻。

閱讀連結

司馬穰苴是齊景公時期的人，他曾以將軍銜準備率兵抵禦燕晉兩國的軍隊。出征前，他與監軍莊賈約定，第二天正午在軍門外會面。

第二天，司馬穰苴先驅車到達軍營，擺設好觀日影計時的木表和滴水計時的漏壺等待莊賈。莊賈一向傲慢自大並不著急。正午的時候莊賈沒有到，司馬穰苴就推倒木表，倒掉漏壺裡的水。到了傍晚，莊賈才到。司馬穰苴責問之後，將其斬首，三軍皆震，人人爭取奔赴戰場。

燕晉兩軍聽說了這種情況，立刻撤兵了。

▍測量天體的渾儀和簡儀

■古代觀星儀

　　測量天體的儀器已有近兩千年的歷史。在歷史進程中，先民在不同的時期發明和製造了各種測量天體的儀器，適應了當時社會經濟發展和人們的生活需求。

　　中國古代測量天體的儀器最著名的是渾儀和簡儀。這兩件儀器的製造，是中國天文儀器製造史上的一大飛躍，是當時世界上的一項先進技術。

　　渾儀是中國古代天文學家用來測量天體坐標和兩天體間角距離的主要儀器。簡儀是重要的觀測用儀器，由渾儀發展而來。

中國古代渾儀的誕生，經歷了從簡單發展至複雜又回到簡單的過程。大致來說，戰國至秦是它的誕生時期；漢唐時期是研製、創新和定型的階段；宋元時期是它的高峰時期；明代以後的鑄造已經帶有西學元素。

渾儀由於它的重要性，歷代均有研製。保存至今的明制渾儀和清制渾儀結構合理、鑄造精良、裝飾華麗，成為古代天文儀器的精品，甚至成為中國古代科技文明的象徵。

渾儀的構造包括三個基本部件，首先是窺管，透過這根中空管子的上下兩孔觀測所要測的天體；其次是反映各種坐標系統的讀數環，當窺管指向某待測天體時，它在各讀數環中的位置就是該天體的坐標。

此外就是各種支撐結構和轉動部件，保證儀器的穩固和使窺管能自由旋轉以指向天空任何方位。

最初的渾儀結構比較簡單，只有一根窺管和赤道系統的讀數環並兼做支架的作用，在《隋書・天文志》中最早留下了南北朝時孔挺於西元三二三年製的渾儀結構，即如上述古法所製。

北魏鮮卑族天文學家斛蘭於西元四一二年受詔主持鑄成中國歷史上第一台鐵渾儀。鐵渾儀增加了帶水槽的十字底座，底座上立四根柱子支撐儀器。這樣，讀數系統與支撐系統就分開了。

鐵渾儀的基本結構與前趙孔挺渾儀基本上相同，但又有些新創造。如在原有的底座上鑄有「十」字形水槽，這是在儀器設備上利用水準儀的開端。

鐵渾儀是一台品質很高的儀器，北魏滅亡後，歷經北齊、後周、隋、唐幾個朝代一直使用了兩百多年，直至唐睿宗時，天文學家瞿曇悉達還曾奉敕修葺此儀，可見其使用壽命之長。

　　至唐代，由於天文學家李淳風、一行和天文儀器製造家梁令瓚等人的努力，渾儀的三重環圈系統建立起來，成為後世渾儀結構的定型式。

　　渾儀的三重環圈各有名稱，最裡面的是四游環或四游儀，它夾著窺管可使之自由旋轉；中間一重是三辰儀，包括赤道環、黃道環、白道環，上面都有刻度，是各坐標系統的讀數裝置；外面一重是六合儀，包括地平、子午、赤道三環，固定不動，起儀器支架作用。

　　考察歷代所製渾儀，都可以按這三重環圈體系來分析它們的結構。其構造科學合理，觀測精確，造型優美而享譽世界。

　　由於天體的周日運動是沿赤道平面的，所以只有赤道系統能最方便地表示天體的坐標，黃道和白道就顯得很麻煩，而且由於歲差的原因，赤道和黃道的交點不斷變化，使黃赤道的位置不固定。

　　唐代一行和梁令瓚所鑄黃道游儀就是為瞭解決這個問題而設計的，他們在赤道環上每隔一度打一個孔，使黃道環能模仿古人理解的歲差現象不斷在赤道上退行。

　　類似的情況是白道和黃道，李淳風就在他製造的渾天黃道儀的黃道環上打兩百四十九個孔，每過一個交點月就讓白道在黃道上退行一孔。這樣的設計雖說巧妙，但使用上卻帶來不便，精度上也受影響，後來遂被廢除。

　　宋代的渾儀鑄造主要在北宋時期，大型的就有五架，每架用銅總在一萬公斤以上，可見其規模之大。

　　宋代渾儀也注意到了要改良精度這一方面。如窺管孔徑的縮小，降低人眼移動所造成的誤差，並調整儀器安裝的水平和極軸的準確，降低系統誤差。

　　當時發明的轉儀鐘裝置和活動屋頂，成為中國天文儀器史上兩大重要發明。

　　宋代渾儀已是環圈層層環抱的重器，它在天文測量和編曆工作中起了很大的作用，但也漸漸顯示了多重環圈的弊病：安裝和調整不易，遮蔽天空漸多，使許多天區成為死區不能觀測。因此，宋代後已在醞釀渾儀的重大改革，這是元代簡儀的創製。

　　要追蹤歷代渾儀的下落是件不容易的事。木製的當然不易保存下來，即使是銅鐵鑄的也因年久湮滅和戰亂毀壞不存。

　　宋代渾儀的遭遇要複雜些，北宋為金所滅，開封的五大渾儀全被虜至金的都城中都，運輸過程中損壞的部件均被丟棄，渾儀被置於金的候台上，但因開封和北京緯度差達四度，觀測時需作修正。

　　金章宗時，有一年雷雨狂風使候台裂毀，造成渾儀滾落台下，後經修理復置於台上。

　　北方蒙古族南下攻金，金王室倉皇出逃，宋代渾儀搬運困難，只好放棄而去，宋代儀器再次受到毀壞。至西元一二七一年，宋代渾儀只有天文學家周琮等人所造的一架還有線索，其他的都已不明。

　　北宋亡後，宋高宗南渡，曾經在杭州鑄造過兩三台小型渾儀，置於太史局、鐘鼓院和宮中，但下落均不明。

　　明朝建都南京後，將北京的宋元代渾儀運至南京雞鳴山設觀象台，隨後鑄渾儀。明成祖朱棣遷都北京後儀器並未運回北京，而是派

人去南京做成木模到北京來鑄造，西元一四三七年鑄成，置於明觀象台上，即現在的北京古觀象台。

清代康熙年間，欽天監請將南京郭守敬所造儀器運回北京。當時有人在觀象台下見到許多元制簡儀、仰儀諸器，都有王恂、郭守敬監造的簽名。

西元一七一五年，歐洲傳教士紀理安提出鑄造地平經緯儀，將元明時期舊儀除明代製簡儀、渾儀、天體儀外，盡皆熔化充作廢銅使用，遂使元明時期舊儀不復留存。

至於宋元明時期舊儀的下落還有待進一步研究和發現。目前陳列在北京古觀象台上的儀器為清代鑄造，而在南京紫金山天文台上的渾儀、簡儀則是明代仿製的宋元時期舊儀。

簡儀的創製是在西元一二七九年由元代天文學家郭守敬負責的，現存於紫金山天文台的簡儀為明代正統年間的複製品，郭守敬原器已毀。因其簡化了渾儀的環圈重疊體系，又將赤道坐標與地平坐標分開，不遮掩天空，觀測簡便，故後人以此作為簡儀名稱之由來。

郭守敬創製的簡儀，就其結構來說是一個含有四架簡單儀器的複合儀器，或許稱複儀更為合適。

四架儀器中的主要部分是一架赤道經緯儀，可算是傳統渾儀的簡化。它只有四游環、赤道環和百刻環，而後兩環重疊在一起置於四游環的南端，使四游環上方無任何規環遮掩，一覽無餘。

在赤道和百刻兩環之間安裝有四個銅圓柱，起滾動軸承的作用，這一發明早於西方兩百年之久。但這四個銅圓柱在明代複製品中沒有。

　　四架儀器中的另一部分是地平經緯儀，又稱「立運儀」，就是直立著運轉的儀器。這也是新創造的，可以測量天體的地平經緯度。

　　地平經緯儀只有兩個環，一個地平環，水平放置；在地平環中心垂直立一個立運環，窺衡附於其上，起四游環的作用。

　　四架儀器中的其他兩部分是候極儀和正方案。候極儀裝於赤道經緯儀的北部支架上，以觀北極星校準儀器的極軸，使安裝準確。正方案置於南部底座上，它既可以攜帶走單獨使用，在這裡也可以校準儀器安裝的方位準確性。

　　現存簡儀上正方案的位置在明末清初換上了平面日晷。

　　在《元史·天文志》裡列舉郭守敬創製的儀器名稱，首先就是簡儀，而立運儀、候極儀、正方案的名稱又另外列出，可見郭守敬所指的簡儀就是單指其中的赤道經緯儀。

　　當時既無這一名稱，它又同傳統的渾儀形狀不同，考其作用正如渾儀，結構比渾儀簡化。因此郭守敬稱其簡儀也是合理的。

閱讀連結

　　郭守敬在天文曆法方面作出了卓越的貢獻。

　　在邢台縣的北郊，有一座石橋。金元戰爭使這座橋的橋身陷在泥淖裡，日子一久，竟沒有人能夠說清它的所在了。郭守敬查勘了河道上下游的地形，對舊橋基就有了一個估計。根據他的指點，居然一下子就挖出了這久被埋沒的橋基。石橋修復後，當時元代著名文學家元好問還特意為此寫過一篇碑文。

▌展示天象的儀器渾象

■銅質的渾象

　　渾象也稱「渾天象」或「渾天儀」，甚至稱為「渾儀」，很容易與用於觀測的渾儀互相混淆。

　　渾象是古代根據渾天說用來展示天體在天球上視運動及測量黃赤道坐標差的儀器。

　　渾象最初是在西漢時由大司農中丞耿壽昌創製的。

　　到東漢張衡創製水運渾象，對後世渾象的製造影響很大。

　　渾象是仿真天體運行的儀器，是天文學上很有用的發明。它把太陽、月球、二十八宿等天體以及赤道和黃道都繪製在一個圓球面上，能使人不受時間限制，隨時瞭解當時的天象。

　　透過渾象的展現，白天可以看到當時在天空中看不到的星星和月亮，而且位置不差；陰天和夜晚也能看到太陽所在的位置。用它能表演太陽、月球以及其他星象東昇和西落的時刻、方位，還能形象地說明夏天白天長，冬天黑夜長的道理等。

　　據西漢時期文學家揚雄所著《法言・重黎》中說的「耿中丞象之」，可知漢宣帝時大司農中丞耿壽昌製造了一個渾象，模擬渾天的運動情況。

　　渾象的球面繪有赤道，按照實際觀測的結果，把天空的星體標在球面對應的位置上。

　　後來張衡發明了第一架由水力推動齒輪運轉的渾象，能自動展示星體的升起、落下，並配有漏壺作為定時器，叫「漏水轉渾天儀」，即水運渾象。只要將張衡的水運渾象放在屋子裡，就可以知道外面的天象，在白天也可以知道什麼星到了南中天。

　　水運渾象在當時確是一項了不起的創造。這一貢獻開創了後代製造自動旋轉儀器的先聲，導致了機械計時器即鐘錶的發明，對世界文明的發展影響深遠。

　　渾象的基本形狀是一個大圓球，象徵天球，大圓球上布滿星辰，畫有南北極、黃赤道、恆顯圈、恆隱圈、二十八宿、銀河等，另有轉動軸以供旋轉。還有象徵地平的圈或框，有象徵地體的塊。

　　由於大圓球的轉動帶動星辰也轉，在地平以上的部分就是可見到的天象了。

　　在耿壽昌和張衡之後，各種尺寸的渾象幾乎各代都有製造，但有的是不能自動旋轉的，有的則仿照張衡的做法，用漏水的動力使渾象隨天球同步旋轉。

而這後一類自動渾象在唐和北宋時期得到了長足的發展，其中重要的是一行、梁令瓚和張思訓、蘇頌、韓公廉等人的創造性工作。

　　唐代一行和梁令瓚在西元七二三年製成了開元水運渾天俯視圖，或開元水運渾天，首次將自動旋轉的渾象同計時系統綜合於一體，設兩木人按辰和刻打鐘擊鼓。

　　沿著這一想法，北宋天文學家張思訓於西元九七九年做了一台大型的太平渾儀，名稱「渾儀」，實際上是一個自動運轉的渾象。

　　太平渾儀做成樓閣狀，有十二個木人手持指示時間的時辰牌到時出來報時，同時有鈴、鐘、鼓三種音響。該儀以水銀為動力，因其流動比水穩定，啟動力量也大。

　　後來，宋代天文學家、天文機械製造家蘇頌和天文儀器製造家韓公廉又建成了約十二公尺高的水運儀象台，將渾儀、渾象、計時系統綜合於一身，達到了自動渾象製造的頂峰。

　　渾象的研製到了元代有新的發展，郭守敬以他的創造性才能使渾象出現了新的面貌和用途。

　　在郭守敬為編製《授時曆》和建設元大都天文台而創製的儀器中有一架渾象，半隱櫃中，半出櫃上，其製作類似前代。

　　郭守敬還製作了一件前所未有的玲瓏儀。關於此儀，所留資料不多，致使研究者產生兩種不同的看法，一種認為是假天儀式的渾象；另一種則認為是渾儀。

　　持不同意見的雙方主要都是依據郭守敬的下屬楊桓所寫的《玲瓏儀銘》。

　　該銘文中有對這件儀器的形狀和性質的描述：

天文學家製成儀象，各有各的用途，而集多種用途於一身的只有玲瓏儀，該儀表面沿經緯線均勻分布有十萬多孔，按規律準確地與天球相符。

整個儀體虛空透亮裡外可見。雖然星宿密布於天，不計其數，但它們都有入宿度和去極度，只要利用該儀從裡面窺看，即刻可以明白。古代賢者很多，但這種儀器尚未發明，直至元代，才首次做出來。

根據這一段描述可以清楚地感覺到，玲瓏儀就是具有渾象之外形又有渾儀之用途的新式儀器。這也就是說，玲瓏儀既不是假天儀，也不是渾儀，它就是玲瓏儀。

元明時期以前的歷代渾象均未能保存下來，現在北京古觀象台和南京紫金山天文台的渾象都是清代製造的。

中國古代展示天象的儀器渾象與天球儀在基本結構上是完全一致的。陳列在北京古觀象台上的清代銅製天球儀，鑄造於西元一六七三年，直徑兩公尺，球上有恆星一千多顆，是以三垣二十八宿來劃分的。

此儀採用透明塑膠製作，標誌完全，內部為地球模型，便於理解天球的概念。利用它來表述天球的各種坐標、天體的視運動以及求解一些實用的天文問題。

閱讀連結

古代人測量天體之間的距離，最基本的方法是三角視差法。比如測定恆星的距離其最基本的方法就是三角視差法。

測定恆星距離時，先測得地球軌道半長徑在恆星處的張角，也叫周年視差，再經過簡單的運算，即可求出恆星的距離。這是測定距離最直接的方法。

對大多數恆星來說，張角太小，無法測準。所以測定恆星距離常使用一些間接的方法，如分光視差法、星團視差法、統計視差法等。這些間接的方法都是以三角視差法為基礎的。

▌功能非凡的候風地動儀

■地動儀藝術雕刻

候風地動儀是中國東漢時期天文學家張衡於西元一三二年製成的。此地動儀用精銅製成，外形像一個大型酒樽，裡面有精巧的結構。如果發生較強的地震，它便可知道地震發生的時間和方向。

候風地動儀是世界上第一架測驗地震的儀器，功能非凡。在中國科學史上，沒有什麼比候風地動儀更為引人注目。

候風地動儀是中國東漢時期天文學家張衡創製的，用於測知地震的時間和方位。

《後漢書‧張衡傳》詳細記載了張衡的這一發明：候風地動儀用精銅製成，形如酒樽，內部結構精巧，主要為中間的都柱和它周圍的八組形如蟾蜍的機械裝置。都柱相當於一種倒立型的震擺。

在候風地動儀外面相應地設置八條口含小銅珠的龍，每個龍頭下面都有一隻蟾蜍張口向上。如果發生較強的地震，都柱因受到震動而失去平衡，這樣就會觸動八道中的一道，使相應的龍口張開，小銅珠即落入蟾蜍口中，由此便可知道地震發生的時間和方向。

從《後漢書‧張衡傳》的記載來看，候風地動儀應為一件儀器，而不是兩件。張衡透過自己巧妙的設計，使地震時儀體與「都柱」之間產生相對運動，利用這一運動觸發儀內機關，從而將地震報出。

張衡創製的地動儀不僅在古代具有重要影響，也使現代研究者產生了極大興趣，很多人就其對地震的反應機制和內部結構提出不同的設想。

從現代地震學知識來看，地震過程複雜多變，前震後震強弱不同，方向也相異，要尋找震源只可能從多個台站的記錄依時間差推算，這在古代是不可能的。

但是張衡的地動儀在設計中的確考慮了方向因素，「尋其方面，乃知震之所在」，就反映了這一點。這也並非完全不可能。

如果候風地動儀做到了感知一二級的微震，它應對遠處震中傳來的初波也就是 P 波敏感。初波的地面移動方向與震源方向一致，是縱向波，所以龍吐丸的方位應能顯示一定量的方向訊息。

當然，這並非絕對，因為地動儀的靈敏度也會有一定限制。當地震的前鋒縱波不夠強時，地動儀可能會對之無動於衷，但後繼橫波卻有可能把銅丸震落，這樣落丸方向與震源就沒什麼關係了。

由此，張衡的地動儀對於烈度為三級的弱震，是可以測報出來的。

張衡地動儀的工作原理主要是以古代「候氣」的理論，即「葭灰占律」的方式，所以稱之為「候風地動儀」。

在選定的位置深埋入地一大柱，像遠古人們建房時的草房的中心柱，這個柱子用來感應地震波。為了避免地面環境對「都柱」的影響，在適當的深度把柱周圍掏空，或者先掘土井，然後將大柱埋入壓實，距離地面相當距離使柱體與井壁分離，避免來自地面影響對「都柱」的干擾。

柱頂收縮為一個有凹面或空心管的頂端。在頂端凹面或空心管上置一銅球，銅球直徑和頂端凹面或空心管直徑可以根據靈敏度需要制訂，這就克服了「倒立柱」製作中摩擦係數的難題。

都柱頂端放置銅球，猶如旗杆頂端的裝飾圓球。在「都柱」開始收縮的地方，按東、南、西、北、東南、西北、西南、東北八個方向伸出八條軌道。

當埋入地下的都柱感受到地震波在地層中傳播時，會使都柱產生相應的位移。

都柱受力位移，位於都柱頂端的銅球偏離重心，向力量來源相反方向脫落，都柱四旁八條伸向不同方向的軌道之一承接並導引向相應方位，觸動龍口機關，龍口所含銅珠吐出，從而判定地震來源方向。

綜上所述，張衡創製的候風地動儀，是中國古代偵測地震的儀器，也是世界最早的地震儀，它並不能預測地震，其作用只是遙測地震時間和方向。

候風地動儀在當代研究者中產生了廣泛影響，有許多人根據自己體悟的方法，各自複製不同的地動儀。可見其影響之深遠。

閱讀連結

張衡一生做了很多的事情，但最有名的發明就是「候風地動儀」了。

西元一三八年二月的一天，地動儀正對西方的龍嘴突然張開來，吐出了銅球，這是報告西部發生了地震。可是，那天洛陽一點地震的跡象也沒有，更沒有聽說附近有什麼地方發生了地震。於是，朝廷上下都議論紛紛，說張衡的地動儀是騙人的玩意兒。

過了沒幾天，有人騎著快馬來向朝廷報告，離洛陽五百多公里的金城、隴西一帶發生了大地震，連山都崩塌下來的。大夥兒這才真正地信服了。

▌大型綜合儀器水運儀象台

■宋代觀星官

　　水運儀象台是中國古代一種大型的綜合性天文儀器，由宋代天文學家蘇頌等人創建。它是集觀測天象的渾儀、展示天象的渾象、計量時間的漏刻和報告時刻的機械裝置於一體的綜合性觀測儀器，實際上是一座小型的天文台。

　　水運儀象台的製造水準在世界範圍內堪稱一絕，充分體現了中國古代人民的聰明才智和富於創造的精神。

　　蘇頌領導天文儀器製造工作是從西元一〇八六年受詔定奪新舊渾儀開始的。這個機構的組成人員都是經過他的尋訪調查或親自考核，而確定下來的。

　　蘇頌接受這項科技工作後，首先是四處走訪，尋覓人才。他發現了吏部令史韓公廉通《九章算術》，而且曉天文、曆法，立即奏請調來專門從事天文儀器的研製工作。

　　蘇頌又走出汴京到外地查訪，發現了在儀器製造方面學有專長的壽州州學教授王沇之，奏調他「專監造作，兼管收支官物」。

　　接著，蘇頌又考核太史局和天文機構的原工作人員，選出夏官、秋官、冬官協助韓公廉工作。

　　蘇頌發現人才後，還進一步放在實踐中加以考察。例如調來韓公廉後，他經常與韓公廉討論天文、曆法和儀器製造。

　　蘇頌向韓公廉建議，可否以張衡、一行、梁令瓚、張思訓格式依仿製造，韓公廉很是贊同。於是，蘇頌讓韓公廉寫出書面材料。不久，韓公廉寫出《九章勾股測驗渾天書》一卷。

　　蘇頌詳閱後，命韓公廉研製模型。韓公廉又造出木樣機輪一座。蘇頌對這個木樣機輪進行嚴格實驗，然後奏報皇帝，並親赴校驗。

　　蘇頌對研製工作是慎之又慎的。他認為，有了書，做了模型還不一定可靠，還必須做實際的天文觀測，才能進一步向前推進，以免浪費國家資財。後來，透過對木樣機輪的反覆校驗，確定與天道參合不差，這才開始正式用銅製造新儀。

　　在著名科學家蘇頌的倡議和領導下，經過三年四個月的工作，西元一〇八八年，一座傑出的天文計時儀器水運儀象台，在當時的京城開封製成。水運儀象台的構思廣泛吸收了以前各家儀器的優點，尤其是吸取了北宋時期天文學家張思訓所改進的自動報時裝置的長處。

在機械結構方面，採用了民間使用的水車、筒車、桔槔、凸輪和天平秤桿等機械原理，把觀測、展示和報時設備集中起來，組成了一個整體，成為一部自動化的天文台。根據《新儀象法要》記載，水運儀象台是一座底為正方形、下寬上窄略有收分的木結構建築，高約十二公尺，底寬約七公尺，共分為三大層。

上層是一個露天的平台，設有渾儀一座，用龍柱支持，下面有水槽以定水平。渾儀上面覆蓋遮蔽日晒雨淋的木板頂，為了便於觀測，屋頂可以隨意開閉，構思比較巧妙。露台到儀象台的台基有七公尺多高。

中層是一間沒有窗戶的「密室」，裡面放置渾象。天球的一半隱沒在「地平」之下；另一半露在「地平」的上面，靠機輪帶動旋轉，一晝夜轉動一圈，真實地再現了星辰的起落等天象變化。

下層設有向南打開的大門，門裡裝有五層木閣，木閣後面是機械傳動系統。

第一層木閣又名「正衙鐘鼓樓」，負責全台的標準報時。木閣設有三個小門。至每個時辰的時初，就有一個穿紅衣服的木人在左門裡搖鈴；每逢時正，有一個穿紫色衣服的木人在右門裡敲鐘；每過一刻鐘，一個穿綠衣的木人在中門擊鼓。

第二層木閣可以報告十二個時辰的時初、時正名稱，相當於現代時鐘的時針表盤。這一層的機輪邊有二十四個司辰木人，手拿時辰牌，牌面依次寫著子初、子正、丑初、丑正等。每逢時初和時正，司辰木人按時在木閣門前出現。

　　第三層木閣專刻報的時間。共有九十六個司辰木人，其中有二十四個木人報時初、時正，其餘木人報刻。比如子正的和丑初的初刻、二刻、三刻等。

　　第四層木閣報告晚上的時刻。木人可以根據四季的不同擊鉦報更數。

　　第五層木閣裝置有三十八個木人，木人位置可以隨著節氣的變更，報告昏、曉、日出及幾更等詳細情況。五層木閣裡的木人能表演出準確的報時動作，是靠一套複雜的機械裝置「晝夜輪機」帶動的。而整個機械輪系的運轉依靠水的恆定流量，推動水輪做間歇運動，帶動儀器轉動，因而命名為「水運儀象台」。

　　蘇頌主持創製的水運儀象台是當時中國傑出的天文儀器，也是世界上最古老的天文鐘。國際上對水運儀象台的設計給予了高度評價，認為水運儀象台為了觀測上的方便，設計了活動屋頂，是現在天文台活動圓頂的祖先。

　　李約瑟在深入研究水運儀象台之後，曾改變了他過去的一些觀點。他在《中國科學技術史》中說：

　　我們藉此機會聲明，我們以前關於「鐘錶裝置……完全是十四世紀早期歐洲的發明」的說法是錯誤的。使用軸葉擒縱器重力傳動機械時鐘是十四世紀在歐洲發明的。可是，在中國許多世紀之前，就已有了裝有另一種擒縱器的水力傳動機械時鐘。

　　渾象儀晝夜自轉一圈，不僅形象地展現出天象的變化，也是現代天文台的跟蹤器械轉儀鐘的祖先；水運儀象台中首創的擒縱器機構是後世鐘錶的關鍵部件，因此它又是鐘錶的祖先。

從水運儀象台可以看出，中國古代力學知識的應用已經達到了相當高的水準。

閱讀連結

水運儀象台完成後，蘇頌又在翰林學士許將的提議及家藏小樣的啟發下，決定製造一種人能進入其內部觀察的儀器，儀器的具體推算設計由韓公廉負責。

此儀象經數年製作而成，它的天球直徑有一人高，其結構可能為竹製，上面糊以絹紙。球面上相應於天上星辰的位置處鑿了一個個小孔，人在裡面就能看到點點光亮，彷彿夜空中的星星一般。

當懸坐球內扳動樞軸，使球體轉動時，就可以形象地看到星宿的出沒運行。這是中國歷史上第一架記載明確的假天儀。

國家圖書館出版品預行編目（CIP）資料

天文回望：天文歷史與天文科技 / 劉干才 編著 . -- 第一版 .
-- 臺北市：崧燁文化，2020.01
　面；　公分
POD 版

ISBN 978-986-516-096-8（平裝）

1. 天文學 2. 歷史 3. 中國

320.92　　　　　　　　　　　　　　　　　　108018470

書　　名：天文回望：天文歷史與天文科技
作　　者：劉干才 編著
發 行 人：黃振庭
出 版 者：崧燁文化事業有限公司
發 行 者：崧燁文化事業有限公司
E-mail：sonbookservice@gmail.com
粉絲頁：　　　　　　網址：
地　　址：台北市中正區重慶南路一段六十一號八樓 815 室
8F.-815, No.61, Sec. 1, Chongqing S. Rd., Zhongzheng
Dist., Taipei City 100, Taiwan (R.O.C.)
電　　話：(02)2370-3310 傳　真：(02) 2388-1990
總 經 銷：紅螞蟻圖書有限公司
地　　址：台北市內湖區舊宗路二段 121 巷 19 號
電　　話：02-2795-3656 傳真：02-2795-4100　　網址：
印　　刷：京峯彩色印刷有限公司（京峰數位）

定　　價：200 元
發行日期：2020 年 01 月第一版
◎ 本書以 POD 印製發行